ATLAS CÉLESTE

INTERNATIONAL RESEARCH COUNCIL

INTERNATIONAL ASTRONOMICAL UNION

(UNION ASTRONOMIQUE INTERNATIONALE)

Report of Commission 3

ATLAS CÉLESTE

Par

E. DELPORTE

Astronome à l'Observatoire royal de Belgique

CAMBRIDGE

AT THE UNIVERSITY PRESS

1930

CAMBRIDGE UNIVERSITY PRESS
Cambridge, New York, Melbourne, Madrid, Cape Town,
Singapore, São Paulo, Delhi, Mexico City

Cambridge University Press
The Edinburgh Building, Cambridge CB2 8RU, UK

Published in the United States of America by Cambridge University Press, New York

www.cambridge.org
Information on this title: www.cambridge.org/9781107622463

First published 1930
First paperback edition 2013

A catalogue record for this publication is available from the British Library

ISBN 978-1-107-62246-3 Paperback

ATLAS CÉLESTE

par E. DELPORTE

Astronome à l'Observatoire royal de Belgique

La nécessité d'une délimitation scientifique des constellations a été reconnue depuis longtemps. Un essai de fixation des limites avait été tenté en 1867 par l'Astronomische Gesellschaft qui recommandait dans un vœu, aux astronomes, de considérer les tracés de délimitation d'Argelander dans son *Uranometria Nova* comme définitifs. Ces tracés n'étaient pas susceptibles d'être définis et le vœu n'a, par suite, pas été suivi par les auteurs successifs d'atlas célestes.

Les tracés figurés dans l'Atlas que nous présentons, sont mathématiquement définis, rapportés à l'équinoxe de 1875·0. La délimitation uniquement composée d'arcs de cercles horaires et de parallèles de déclinaison a été réalisée en tenant compte des conditions posées par l'Union astronomique internationale et par l'Astronomische Gesellschaft dans leurs congrès respectifs.

La délimitation scientifique des constellations (Tables et Cartes) a été publiée comme annexe au rapport de la Commission 3 de l'Union astronomique internationale (Cambridge-University Press, 1930).

Les limites ont été déterminées de façon à maintenir dans les constellations auxquelles elles avaient été rattachées au moment de leur découverte, toutes les variables dénommées à fin juin 1929. Depuis cette date les nouvelles variables sont indexées en tenant compte des nouvelles limites.

Pour l'hémisphère Sud, les étoiles du Catalogue de Gould (*Uranometria Argentina*, 1877) ont toutes été maintenues dans les constellations où cet auteur les avait placées. Pour l'hémisphère Nord, quelques étoiles à la limite de visibilité à l'œil nu ont permuté d'astérisme vu l'obligation de respecter l'indexation des variables. La plupart de ces étoiles étaient classées d'ailleurs dans des constellations différentes suivant les auteurs d'atlas et la nécessité de leur fixer un nom définitif était évidente.

Chaque carte est accompagnée d'un tableau donnant:

(1) La liste des étoiles principales jusqu'à la grandeur $4^{m}{\cdot}5$, rangées par constellations et par rang d'ascension droite dans chacune de celles-ci. Ce tableau renseigne pour chaque étoile: l'éclat, les positions α et δ aux équinoxes de 1875·0 et 1925·0. Les données à l'équinoxe 1925·0 permettront le calcul rapide des positions d'étoiles pour les années ultérieures, avec une précision suffisante.

M. le Prof. Stratton a bien voulu y joindre le type spectral de chaque étoile.

(2) Les principales étoiles variables et étoiles doubles rangées par ordre d'ascension droite, avec également les positions α et δ aux équinoxes de 1875·0

et 1925·0. Pour les premières les éclats limites sont donnés; pour les secondes, les éclats des composantes sont indiqués.

(3) Les principaux amas et nébuleuses, accessibles aux instruments de moyenne puissance, et ordonnés par ascension droite, les positions α et δ étant rapportées aux mêmes équinoxes précités.

Un index où les constellations sont rangées par ordre alphabétique renseigne pour chaque astérisme les cartes où celui-ci figure.

Qu'il nous soit permis de signaler ici l'aide précieuse apportée à l'élaboration du travail, cartes et catalogue, par M. G. Coutrez, calculateur à l'observatoire d'Uccle et d'insister sur le soin tout particulier avec lequel la Cambridge University Press a édité l'ouvrage ainsi que la "Délimitation Scientifique des Constellations." Qu'ils trouvent ici l'expression de nos vifs remercîments.

E. DELPORTE.

UCCLE, *le* 11 *juin* 1930.

Les cartes astronomiques des hémisphères nord et sud se trouvent sur www.cambridge.org/9781107622463

CARTES

Hémisphère Nord

Calotte boréale

Limite en δ: + 67° 30′ à + 90°

Constellations: Camelopardalis—Cassiopeia—Cepheus—Draco—Ursa Major—Ursa Minor

Nom de l'étoile		Gr.	Sp.	1875		1925	
				α	δ	α	δ
Etoiles principales:							
50	Cas	4·0	A 2	1h53m17s	+71°49′·0	1h57m 0s	+72° 3′·6
β	Cep	3·3	B 1	21 27 2	+70 0 ·7	21 27 42	+70 13 ·9
γ	”	3·4	K 0	23 34 14	+76 56 ·1	23 36 15	+77 12 ·8
λ	Dra	4·1	Ma	11 23 58	+70 1 ·2	11 26 58	+69 44 ·7
κ	”	3·6	B 5p	12 28 8	+70 28 ·6	12 30 18	+70 12 ·1
ψ	”	4·5	F 5 + F 5	17 44 10	+72 12 ·5	17 43 16	+72 11 ·2
φ	”	4·3	A op	18 22 34	+71 16 ·3	18 21 50	+71 17 ·9
χ	”	3·6	F 8	18 23 22	+72 40 ·5	18 22 25	+72 42 ·0
ε	”	3·8	K 0	19 48 35	+69 57 ·0	19 48 26	+70 4 ·6
α	UMi	2·1	F 8	1 12 59	+88 38 ·6	1 34 14	+88 54 ·2
β	”	2·2	K 5	14 51 5	+74 40 ·0	14 50 55	+74 27 ·7
γ	”	3·1	A 2	15 20 56	+72 16 ·7	15 20 50	+72 6 ·1
ζ	”	4·3	A 2	15 48 34	+78 10 ·7	15 46 42	+78 1 ·6
ε	”	4·4	G 5	16 58 51	+82 14 ·4	16 53 36	+82 9 ·8
δ	”	4·4	A 0	18 12 39	+86 36 ·5	17 56 25	+86 36 ·8
Etoiles variables:							
R	UMa	6·0–12·0 8·0–13·5	Md	10 35 47	+69 25 ·8	10 39 23	+69 10 ·2
UX	Dra	6·5–8	Nb	19 25 59	+76 18 ·7	19 24 16	+76 24 ·7
T	Cep	5·5–9·5 7·0–10·6	Md	21 7 53	+67 59 ·0	21 8 33	+68 11 ·0
V	”	6·2–6·9	A 0	23 50 38	+82 29 ·8	23 52 53	+82 46 ·4
Etoiles doubles:							
α	UMi	2·2–9	F 8	1 12 59	+88 38 ·6	1 34 14	+88 54 ·2
π^1	”	6·1–7·0	G 5	15 36 24	+80 51 ·8	15 33 30	+80 41 ·9
β	Cep	3·3–8	B 1	21 27 2	+70 0 ·7	21 27 42	+70 13 ·9

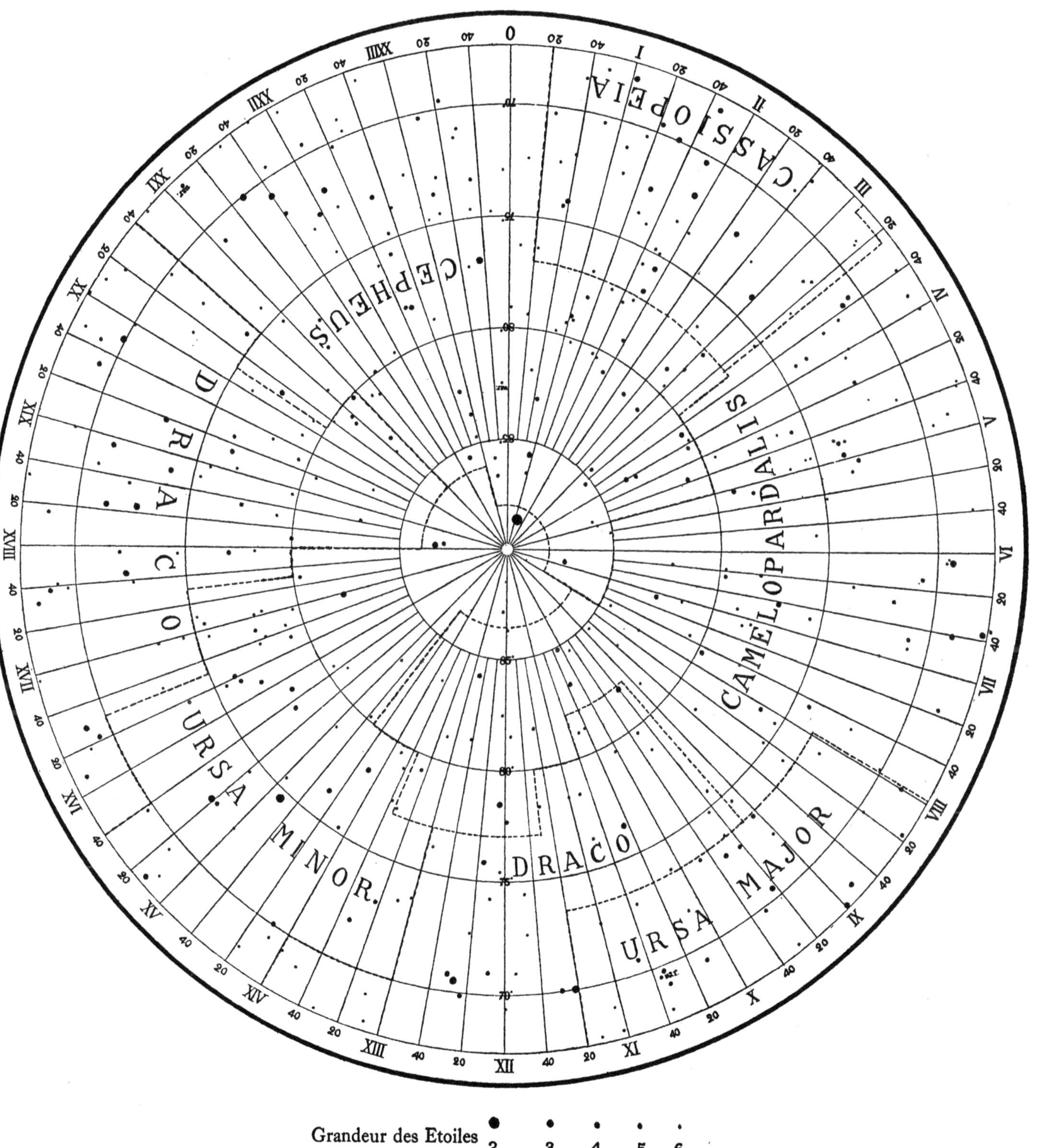

Grandeur des Etoiles 2 3 4 5 6

Hémisphère Nord

Limites {α: 21h 30m à 2h 30m; δ: + 27° 30′ à + 72° 30′}

Constellations: Andromeda—Cassiopeia—Cepheus—Lacerta—Pegasus—Perseus—Pisces—Triangulum

Nom de l'étoile		Gr.	Sp	1875		1925	
				α	δ	α	δ
Etoiles principales:							
ο	And	3·5	B 5+A 2p	22h56m10s	+41°39′·3	22h58m28s	+41°55′·3
λ	,,	3·8	K o	23 31 27	+45 46 ·9	23 33 53	+46 3 ·1
ι	,,	4·3	B 8	23 32 1	+42 34 ·6	23 34 27	+42 51 ·2
κ	,,	4·3	A o	23 34 15	+43 38 ·5	23 36 43	+43 55 ·1
α	,,	2·2	A op	0 1 56	+28 24 ·0	0 4 30	+28 40 ·6
π	,,	4·2	B 3	0 30 13	+33 1 ·9	0 32 52	+33 18 ·4
ε	,,	4·3	G 5	0 31 57	+28 38 ·0	0 34 35	+28 54 ·3
δ	,,	3·2	K 2	0 32 39	+30 10 ·6	0 35 19	+30 27 ·1
ν	,,	4·4	B 3	0 42 56	+40 23 ·9	0 45 40	+40 40 ·2
μ	,,	3·9	A 2	0 49 49	+37 49 ·3	0 52 35	+38 5 ·6
φ	,,	4·5	B 8	1 2 15	+46 34 ·5	1 5 8	+46 50 ·5
β	,,	2·4	Ma	1 2 44	+34 57 ·4	1 5 32	+35 13 ·4
υ	,,	4·3	G o	1 29 28	+40 46 ·7	1 33 24	+41 4 ·0
51	,, (1)	3·8	K o	1 30 20	+47 59 ·7	1 33 23	+48 14 ·9
γ	,,	2·1	K o+A o	1 56 14	+41 43 ·7	1 59 17	+41 58 ·2
β	Cas	2·4	F 5	0 2 31	+58 27 ·6	0 5 10	+58 44 ·2
κ	,,	4·2	B o	0 25 55	+62 14 ·5	0 28 43	+62 31 ·1
ζ	,,	3·7	B 3	0 30 1	+53 12 ·5	0 32 47	+53 29 ·1
α	,,	var.	K o	0 33 25	+55 51 ·1	0 36 14	+56 7 ·6
η	,,	3·6	F 8	0 41 33	+57 9 ·1	0 44 33	+57 25 ·2
γ	,,	2·2	B op	0 49 11	+60 2 ·4	0 52 10	+60 18 ·7
δ	,,	2·8	A 5	1 17 39	+59 35 ·1	1 20 54	+59 50 ·8
ε	,,	3·3	B 3	1 45 25	+63 3 ·2	1 48 59	+63 18 ·1
50	,,	4·0	A 2	1 53 17	+71 49 ·0	1 57 0	+72 3 ·6
μ	Cep	var.	Ma	21 39 41	+58 12 ·4	21 41 13	+58 26 ·1
ζ	,,	3·6	K o	22 6 31	+57 35 ·1	22 8 15	+57 49 ·9
δ	,,	var.	F 5–G o	22 24 32	+57 46 ·6	22 26 23	+58 1 ·9
ι	,,	3·5	K o	22 45 14	+65 32 ·6	22 47 0	+65 48 ·3
α	Lac	3·8	A o	22 26 9	+49 38 ·4	22 28 12	+49 53 ·8
π	Peg	4·3	F 5	22 4 26	+32 33 ·9	22 6 39	+32 48 ·6
η	,,	2·9	G o	22 37 9	+29 34 ·1	22 39 29	+29 49 ·7
φ	Per (2)	4·2	B op	1 35 50	+50 3 ·5	1 38 57	+50 18 ·7
τ	Psc	4·5	K o	1 4 47	+29 25 ·5	1 7 32	+29 41 ·5
α	Tri	3·6	F 5	1 45 58	+28 58 ·1	1 48 48	+29 12 ·9
β	,,	3·0	A 5	2 2 7	+34 23 ·7	2 5 4	+34 38 ·0
γ	,,	4·2	A o	2 9 53	+33 16 ·1	2 12 51	+33 30 ·1
(1) υ Per = 51 And		(2) φ Per = 54 And					
Etoiles variables:							
T	Cep	5·5–9·5 7·0–10·6	Md	21 7 53	+67 59 ·0	21 8 33	+68 11 ·0
μ	,,	3·7–4·7	Ma	21 39 41	+58 12 ·4	21 41 13	+58 26 ·1
δ	,,	3·6–4·2	F 5–G o	22 24 32	+57 46 ·6	22 26 23	+58 1 ·9
R	Cas	5–10	Md	23 52 3	+50 41 ·6	23 54 37	+50 58 ·2
R	And	5·6–12 7·7–<13	Pec	0 17 26	+37 53 ·2	0 20 4	+38 9 ·7
α	Cas	2·2–2·8	K o	0 33 25	+55 51 ·1	0 36 14	+56 7 ·6
R	Tri	6·2–11·6	Md	2 29 29	+33 43 ·2	2 32 30	+33 56 ·2
Etoiles doubles:							
ξ	Cep	5·3–8·5	A 3+G	22 0 10	+64 1 ·2	22 1 35	+64 16 ·7
π	Peg	4·4–5·7	F 5	22 4 26	+32 33 ·9	22 6 39	+32 48 ·6
8	Lac	6·0–6·5 8·5–10	B 5+B 3p	22 30 19	+38 59 ·1	22 32 32	+39 14 ·7
σ	Cas	5·7–8·5	B 2	23 52 41	+55 3 ·5	23 55 13	+55 20 ·2
π	And	4·2–8	B 3	0 30 13	+33 1 ·9	0 32 52	+33 18 ·4
η	Cas	4–7·5	F 8	0 41 33	+57 9 ·1	0 44 33	+57 25 ·2
γ	And	2·1–5	K o+A o	1 56 14	+41 43 ·7	1 59 17	+41 58 ·2
ι	Tri	5–6·5	G o	2 5 7	+29 42 ·1	2 8 0	+29 57 ·0
Nébuleuses et amas:							
H VIII 75	Lac			22 10	+49 16	22 12	+49 31
M 52	Cep			23 19	+60 54	23 21	+61 11
H VI 30	Cas			23 50	+56 1	23 53	+56 18
M 31	And			0 36	+40 35	0 39	+40 51
H VI 33–34	Per			2 13	+56 32	2 17	+56 46

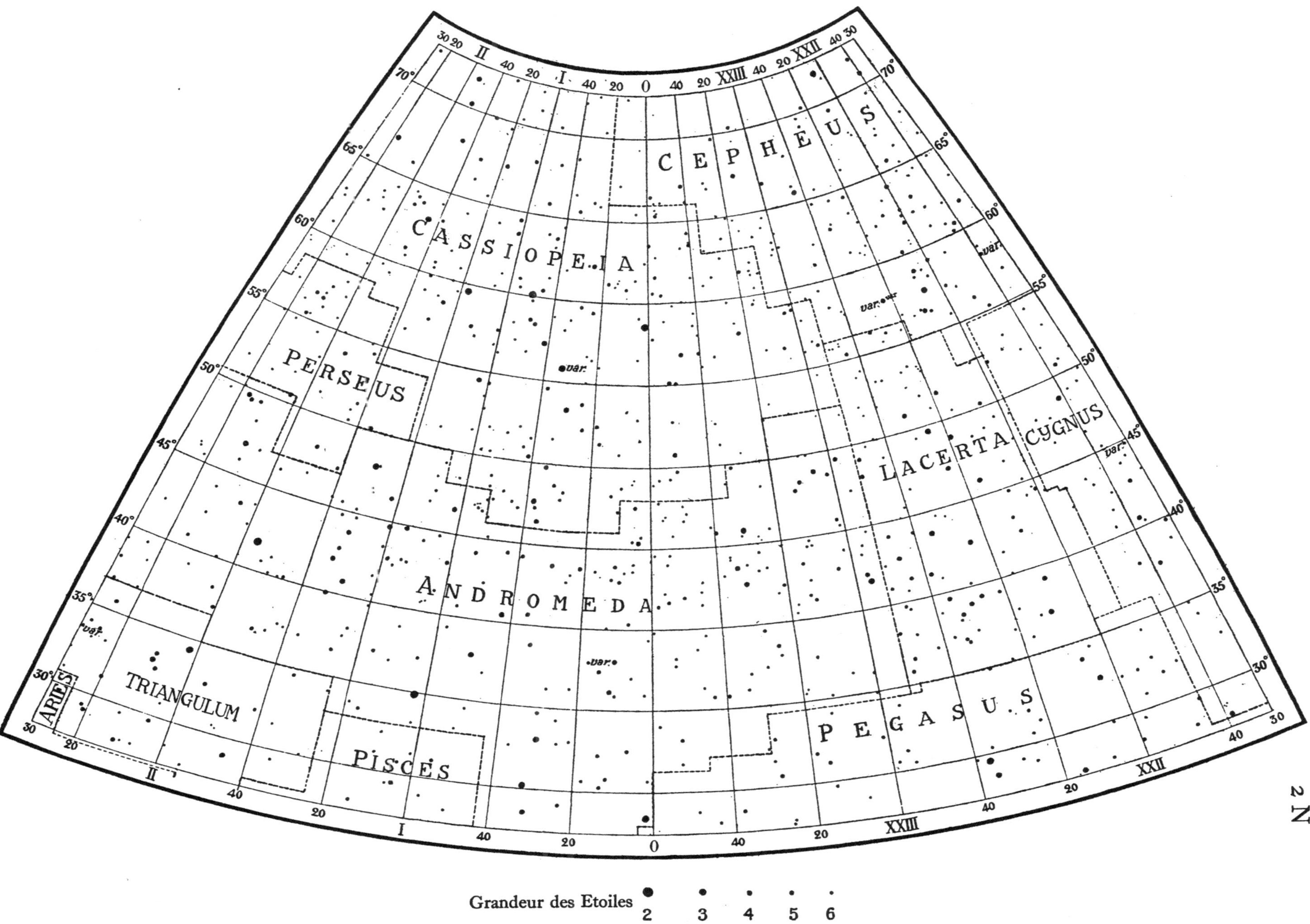
CEPHEUS
CASSIOPEIA
PERSEUS
LACERTA
CYGNUS
ANDROMEDA
TRIANGULUM
ARIES
PISCES
PEGASUS
var.
XXII
XXIII
I
II
Grandeur des Etoiles
2 3 4 5 6

Hémisphère Nord

Limites $\begin{cases} \alpha: 1^h\,30^m \text{ à } 6^h\,30^m \\ \delta: +27^\circ\,30' \text{ à } +72^\circ\,30' \end{cases}$

Constellations: Andromeda—Auriga—Camelopardalis—Cassiopeia—Perseus—Triangulum

Nom de l'étoile	Gr.	Sp.	1875 α	1875 δ	1925 α	1925 δ
Etoiles principales:						
51 And (1)	3·8	K 0	$1^h30^m20^s$	+47°59′·7	$1^h33^m23^s$	+48°14′·9
γ ,,	2·1	K 0+A 0	1 56 14	+41 43 ·7	1 59 17	+41 58 ·2
ι Aur	2·9	K 2	4 48 51	+32 58 ·0	4 52 6	+33 2 ·9
ε ,,	var.	F 5p	4 53 0	+43 38 ·2	4 56 35	+43 42 ·8
ζ ,,	4·0	K 0+B 1	4 53 45	+40 53 ·5	4 57 14	+40 57 ·7
η ,,	3·6	B 3	4 57 45	+41 3 ·8	5 1 15	+41 8 ·1
α ,,	0·2	G 0	5 7 27	+45 52 ·1	5 11 9	+45 55 ·4
ν ,,	3·9	K 0	5 42 50	+39 6 ·6	5 46 17	+39 7 ·7
δ ,,	3·9	K 0	5 49 14	+54 16 ·3	5 53 21	+54 16 ·9
β ,,	2·1	A 0p	5 50 22	+44 55 ·9	5 54 2	+44 56 ·5
θ ,,	2·7	A 0p	5 51 12	+37 12 ·1	5 54 36	+37 12 ·5
2 *H* Cam	4·4	B 9p	3 18 58	+59 30 ·2	3 22 59	+59 40 ·8
α ,,	4·3	B 0	4 41 38	+66 7 ·6	4 46 35	+66 13 ·1
β ,,	4·2	G 0p	4 52 18	+60 15 ·4	4 56 44	+60 20 ·1
ε Cas	3·3	B 3	1 45 25	+63 3 ·2	1 48 59	+63 18 ·1
50 ,,	4·0	A 2	1 53 17	+71 49 ·0	1 57 0	+72 3 ·6
φ Per (2)	4·2	B 0p	1 35 50	+50 3 ·5	1 38 57	+50 18 ·7
θ ,,	4·1	F 8	2 35 40	+48 41 ·9	2 39 4	+48 54 ·7
η ,,	3·9	K 0	2 41 35	+55 22 ·5	2 45 13	+55 35 ·1
τ ,,	4·1	G 0+A 5	2 45 24	+52 15 ·0	2 48 56	+52 27 ·4
γ ,,	3·0	F 5+A 3	2 55 45	+53 0 ·9	2 59 21	+53 12 ·8
ρ ,,	var.	Mb	2 57 10	+38 21 ·3	3 0 22	+38 33 ·0
β ,,	var.	B 8	3 0 2	+40 28 ·3	3 3 17	+40 40 ·1
ι ,,	4·2	G 0	3 0 3	+49 8 ·0	3 3 39	+49 19 ·7
κ ,,	4·8	K 0	3 1 4	+44 22 ·9	3 4 26	+44 34 ·3
α ,,	1·9	F 5	3 15 24	+49 24 ·9	3 18 58	+49 35 ·7
δ ,,	3·1	B 5	3 34 2	+47 23 ·2	3 37 35	+47 32 ·9
ο ,,	3·9	B 1	3 36 29	+31 53 ·4	3 39 37	+32 3 ·1
ν ,,	3·9	F 5	3 36 43	+42 10 ·9	3 40 6	+42 20 ·6
ζ ,,	2·9	B 1	3 46 17	+31 30 ·6	3 49 25	+31 39 ·7
ε ,,	3·0	B 1	3 49 28	+39 38 ·8	3 52 49	+39 47 ·7
ξ ,,	4·0	Oe 5	3 50 51	+35 25 ·8	3 54 6	+35 34 ·6
λ ,,	4·3	A 0	3 57 17	+50 0 ·6	4 0 59	+50 9 ·0
c ,,	4·0	B 3p	3 59 36	+47 22 ·6	4 3 13	+47 30 ·8
μ ,,	4·0	G 0	4 5 44	+48 5 ·4	4 9 25	+48 11 ·8
α Tri	3·6	F 5	1 45 58	+28 58 ·1	1 48 48	+29 12 ·9
β ,,	3·0	A 5	2 2 7	+34 23 ·7	2 5 4	+34 38 ·0
γ ,,	4·2	A 0	2 9 53	+33 16 ·1	2 12 51	+23 30 ·1
(1) υ Per=51 And (2) φ Per=54 And						
Etoiles variables:						
R Tri	6·2–11·6	Md	2 29 29	+33 43 ·2	2 32 30	+33 56 ·2
ρ Per	3·3–4·1	Mb	2 57 10	+38 21 ·3	3 0 22	+38 33 ·0
β ,,	2·4–3·5	B 8	3 0 2	+40 28 ·3	3 3 17	+40 40 ·1
ε Aur	3·3–4·1	F 5p	4 53 0	+43 38 ·2	4 56 35	+43 42 ·8
UU ,,	5·4–6·0	Na	6 27 57	+38 32 ·6	6 31 23	+38 30 ·6
Etoiles doubles:						
γ And	2·3–5·1	K 0+A 0	1 56 14	+41 43 ·7	1 59 17	+41 58 ·2
ι Tri	5–6·5	G 0	2 5 7	+29 43 ·0	2 8 0	+29 57 ·0
η Per	3·9–8·7	K 0	2 41 35	+55 22 ·5	2 45 13	+55 35 ·1
Nébuleuses et amas:						
H VI 33–34 Per			2 13	+56 32	2 17	+56 46
M 38 Aur			5 20	+35 43	5 24	+35 45
M 37 ,,			5 45	+32 31	5 47	+32 32

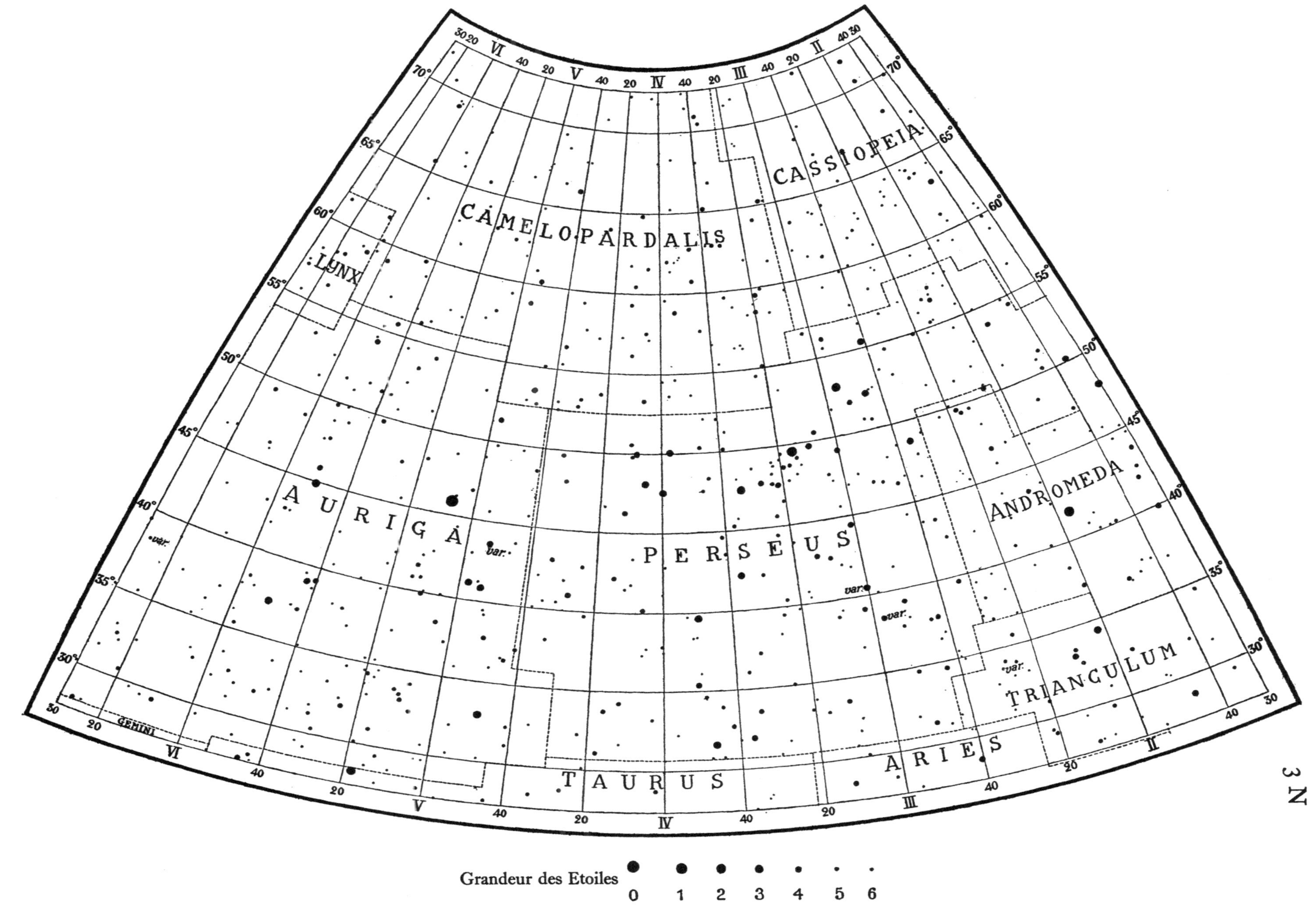
CASSIOPEIA
CAMELOPARDALIS
LUNX
AURIGA
PERSEUS
ANDROMEDA
TRIANGULUM
ARIES
TAURUS
GEMINI
var.
Grandeur des Etoiles
0 1 2 3 4 5 6

Hémisphère Nord

Limites $\begin{cases} \alpha: 5^h\ 30^m \text{ à } 10^h\ 30^m \\ \delta: +27^\circ\ 30' \text{ à } +72^\circ\ 30' \end{cases}$

Constellations: Auriga—Camelopardalis—Cancer—Gemini—Leo Minor—Lynx—Ursa Major

Nom de l'étoile		Gr.	Sp.	1875		1925	
				α	δ	α	δ
Etoiles principales:							
ν	Aur	3·9	K o	$5^h42^m30^s$	+39° 6′·6	$5^h46^m17^s$	+39° 7′·7
δ	,,	3·9	K o	5 49 14	+54 16 ·3	5 53 21	+54 16 ·9
β	,,	2·1	A op	5 50 22	+44 55 ·9	5 54 2	+44 56 ·5
θ	,,	2·7	A op	5 51 12	+37 12 ·1	5 54 36	+37 12 ·5
ι	Cnc	4·2	A 5+G 5	8 39 8	+29 12 ·9	8 42 10	+29 2 ·1
θ	Gem	3·6	A 2	6 44 43	+34 6 ·6	6 47 51	+34 3 ·2
ι	,,	3·9	K o	7 17 58	+28 2 ·7	7 21 4	+27 56 ·9
ρ	,,	4·2	F o	7 21 4	+32 1 ·9	7 24 17	+31 56 ·1
α	,,	1·7	A o	7 26 37	+32 9 ·6	7 29 49	+32 3 ·3
β	,,	1·2	K o	7 37 40	+28 19 ·6	7 40 44	+28 12 ·5
β	LMi	4·2	K o	10 20 39	+37 20 ·8	10 23 33	+37 5 ·5
o	UMa	3·3	G o	8 19 52	+61 8 ·0	8 24 3	+60 58 ·2
ι	,,	3·1	A 5	8 50 38	+48 31 ·9	8 54 5	+48 20 ·2
10	,,	4·1	F 5	8 52 31	+42 16 ·6	8 55 47	+42 4 ·9
κ	,,	3·7	A o	8 55 5	+47 39 ·0	8 58 31	+47 27 ·3
h	,,	3·8	F o	9 21 39	+63 36 ·4	9 25 38	+63 23 ·5
θ	,,	3·3	F 8p	9 24 29	+52 14 ·7	9 27 51	+52 1 ·2
υ	,,	3·9	F o	9 42 5	+59 37 ·5	9 45 40	+59 23 ·5
λ	,,	3·5	A 2	10 9 33	+43 32 ·3	10 12 35	+43 17 ·4
μ	,,	3·0	K 5	10 14 53	+42 7 ·6	10 17 52	+41 52 ·6
α	Lyn	3·3	K 5	9 13 26	+34 55 ·2	9 16 30	+34 42 ·6
Etoiles variables:							
UU	Aur	5·4–6·0	Na	6 27 57	+38 32 ·6	6 31 23	+38 30 ·6
R	LMi	6·2–7·8–12·0	Md	9 38 5	+35 5 ·1	9 41 5	+34 51 ·5
Etoiles doubles:							
12	Lyn	5–6–7·5	A 2	6 35 11	+59 33 ·9	6 39 37	+59 30 ·7
α	Gem	2·0–2·9	A o	7 26 37	+32 9 ·6	7 29 49	+32 3 ·3
Nébuleuses et amas:							
M 37	Aur			5 45	+32 31	5 47	+32 32

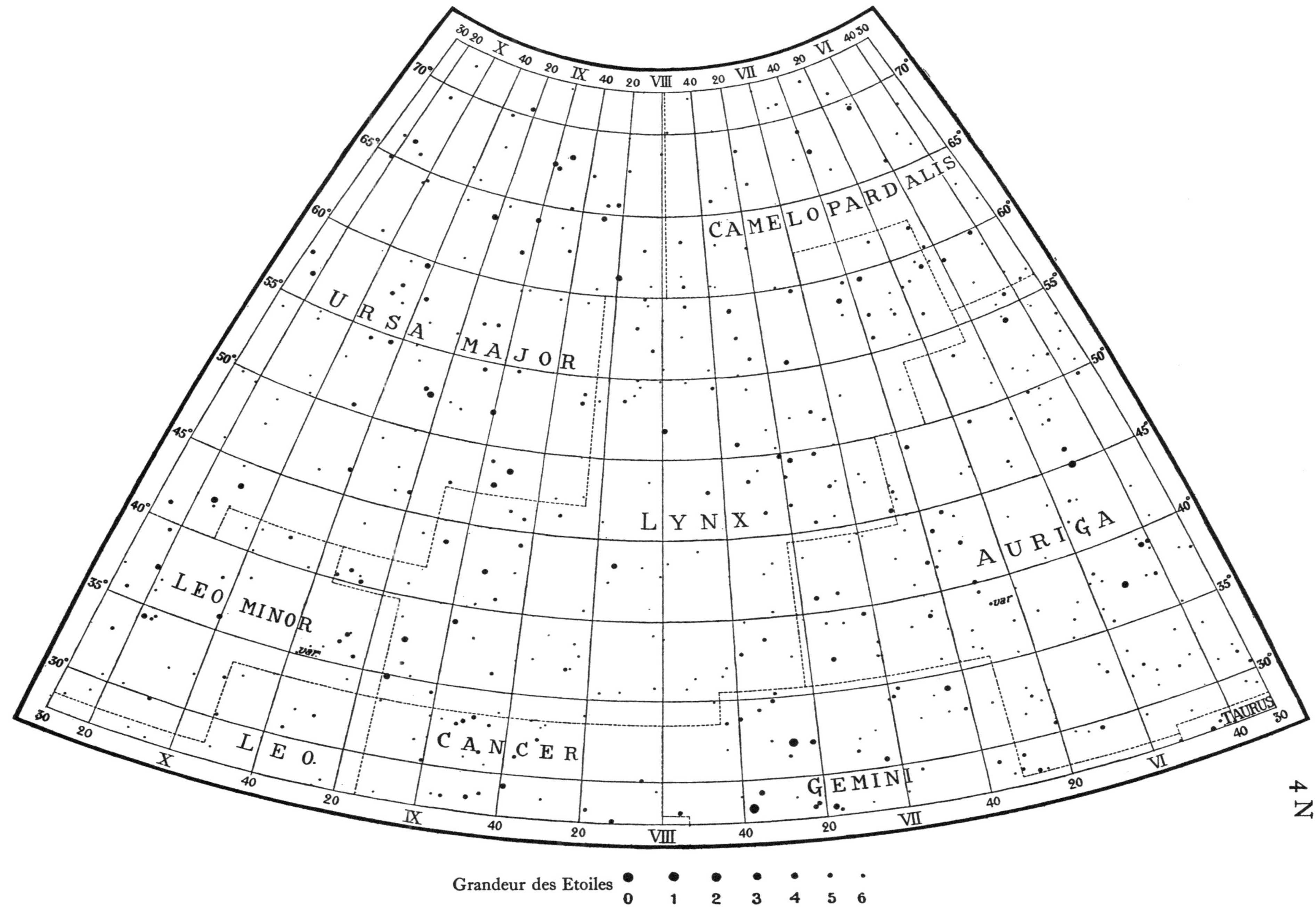
CAMELOPARDALIS
URSA MAJOR
LYNX
AURIGA
LEO MINOR
var
var
LEO
CANCER
GEMINI
TAURUS
X
IX
VIII
VII
VI
Grandeur des Etoiles
0 1 2 3 4 5 6

Hémisphère Nord

Limites $\begin{cases} \alpha: 9^h\,30^m \text{ à } 14^h\,30^m \\ \delta: +27°\,30' \text{ à } +72°\,30' \end{cases}$

Constellations: Bootes—Canes Venatici—Coma Berenices—Draco—Leo Minor—Ursa Major

Nom de l'étoile	Gr.	Sp.	1875 α	1875 δ	1925 α	1925 δ
Etoiles principales:						
κ Boo	4·3	A5	$14^h\,9^m\,0^s$	+52°22′·5	$14^h10^m47^s$	+52° 8′·5
λ ,,	4·0	Ao	14 11 38	+46 39 ·8	14 13 32	+46 25 ·9
θ ,,	3·9	F8	14 20 56	+52 25 ·8	14 22 39	+52 11 ·8
ρ ,,	3·8	Ko	14 26 27	+30 55 ·3	14 28 36	+30 42 ·0
γ ,,	2·9	Fo	14 27 3	+38 51 ·4	14 29 4	+38 38 ·1
β CVn	4·3	Go	12 27 48	+42 2 ·2	12 30 11	+41 45 ·9
α ,,	2·9	Aop	12 50 11	+38 59 ·6	12 52 31	+38 43 ·4
β Com	4·3	Go	13 6 2	+28 30 ·7	13 8 23	+28 15 ·5
λ Dra	4·1	Ma	11 23 57	+70 1 ·2	11 26 58	+69 44 ·7
κ ,,	4·1	B5p	12 28 8	+70 28 ·6	12 30 18	+70 12 ·1
α ,,	3·6	Aop	14 1 0	+64 58 ·4	14 2 22	+64 44 ·0
β LMi	4·2	Ko	10 20 39	+37 20 ·8	10 23 33	+37 5 ·5
46 ,,	3·9	Ko	10 46 19	+34 53 ·3	10 49 7	+34 37 ·2
υ UMa	3·9	Fo	9 42 5	+59 37 ·5	9 45 40	+59 23 ·5
λ ,,	3·5	A2	10 9 33	+43 32 ·3	10 12 35	+43 17 ·4
μ ,,	3·0	K5	10 14 53	+42 7 ·6	10 17 52	+41 52 ·6
β ,,	2·4	Ao	10 54 17	+57 3 ·1	10 57 20	+56 47 ·1
α ,,	2·0	Ko	10 56 0	+62 25 ·5	10 59 7	+62 9 ·4
ψ ,,	3·2	Ko	11 2 38	+45 10 ·6	11 5 27	+44 54 ·3
ξ ,,	3·9	Go	11 11 31	+32 13 ·9	11 14 11	+31 57 ·1
ν ,,	3·4	Ko	11 11 43	+33 46 ·6	11 14 26	+33 30 ·2
χ ,,	3·8	Ko	11 39 27	+48 28 ·4	11 42 6	+48 11 ·7
γ ,,	2·5	Ao	11 47 15	+54 23 ·4	11 49 54	+54 6 ·7
δ ,,	3·4	A2	12 9 14	+57 43 ·6	12 11 43	+57 27 ·0
ε ,,	1·7	Aop	12 48 31	+56 38 ·3	12 50 44	+56 22 ·0
ζ ,,	2·4	A2p+A2	13 18 53	+55 34 ·7	13 20 55	+55 19 ·0
η ,,	1·9	B3	13 42 37	+49 56 ·3	13 44 35	+49 41 ·2
Etoiles variables:						
R LMi	6·2–7·8–12·0	Md	9 38 5	+35 5 ·1	9 41 5	+34 51 ·5
R UMa	6·0–12·0 8·0–13·5	Md	10 35 47	+69 25 ·8	10 39 23	+69 10 ·2
T ,,	6·5–12·0 8·5–13·0	Md	12 30 41	+60 10 ·5	12 32 59	+59 54 ·0
R CVn	6·5–11·0 8·0–12·5	Md	13 43 35	+40 9 ·9	13 45 45	+39 54 ·9
Etoiles doubles:						
ξ UMa	4·4– 4·9	Go	11 11 31	+32 13 ·9	11 14 11	+31 57 ·1
α CVn	2·9– 5·4	Aop	12 50 11	+38 59 ·6	12 52 31	+38 43 ·4
ζ UMa	2·4– 4·0	A2p+A2	13 18 53	+55 34 ·7	13 20 55	+55 19 ·0
κ Boo	4·3– 8·6	A5	14 9 0	+52 22 ·5	14 10 47	+52 8 ·5
Nébuleuses et amas:						
M 97 UMa			11 8	+55 42	11 11	+55 26
M 51 CVn			13 25	+47 52	13 27	+47 37
M 3 ,,			13 36	+29 1	13 39	+28 45

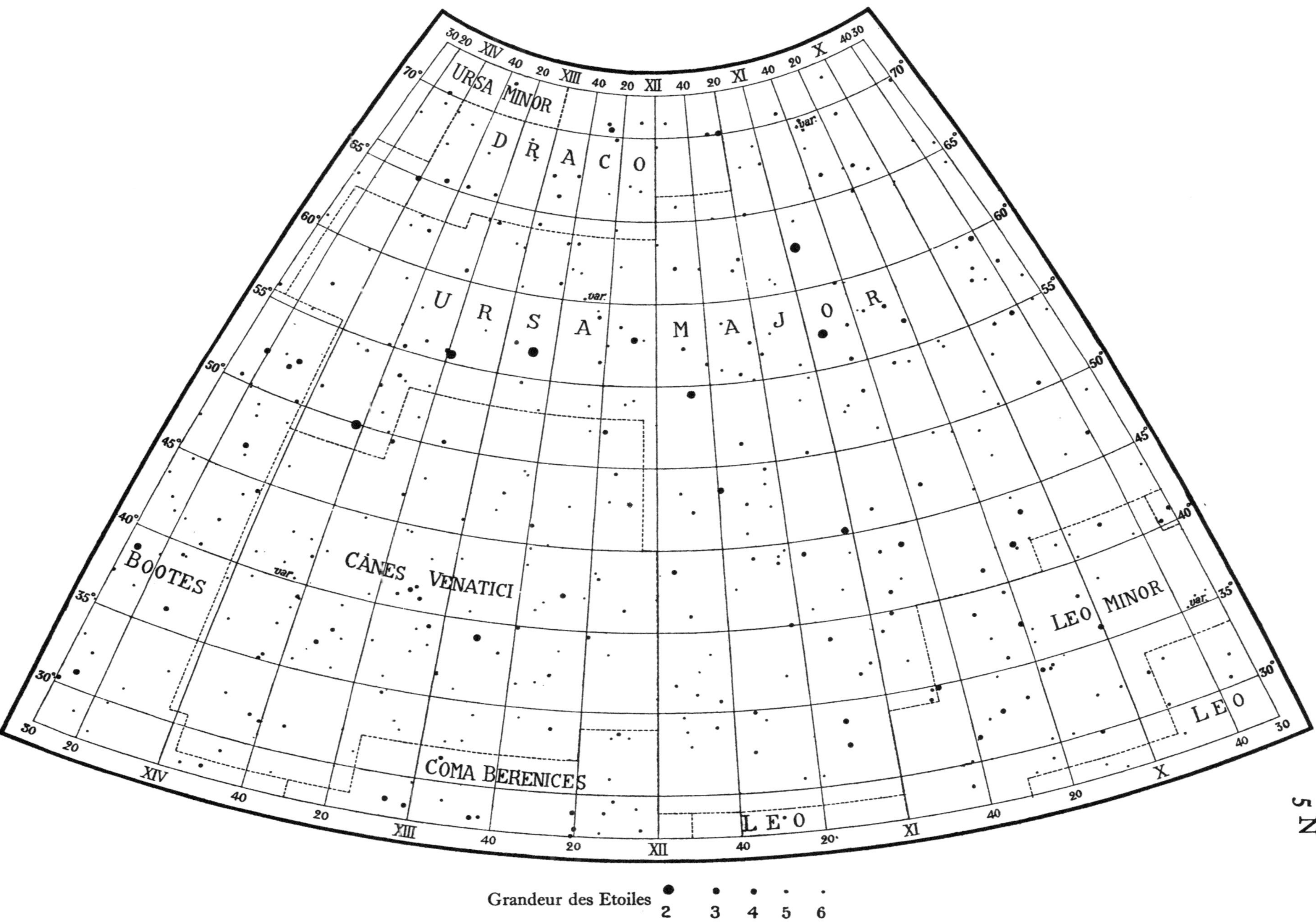
URSA MINOR
DRACO
URSA MAJOR
LEO MINOR
LEO
CANES VENATICI
COMA BERENICES
BOOTES
LEO
Grandeur des Etoiles
2 3 4 5 6

Hémisphère Nord

Limites $\begin{cases} \alpha: 13^h\ 30^m \text{ à } 18^h\ 30^m \\ \delta: +27^\circ\ 30' \text{ à } +72^\circ\ 30' \end{cases}$

Constellations: Bootes—Canes Venatici—Corona Borealis—Draco—Hercules—Ursa Major—Ursa Minor

Nom de l'étoile		Gr.	Sp.	1875		1925	
				α	δ	α	δ
Etoiles principales:							
κ	Boo	4·4	A 5	$14^h\ 9^m\ 0^s$	$+52^\circ 22'·5$	$14^h 10^m 47^s$	$+52^\circ\ 8'·5$
λ	,,	4·0	A 0	14 11 38	+46 39 ·8	14 13 32	+46 25 ·9
θ	,,	3·9	F 8	14 20 56	+52 25 ·8	14 22 39	+52 11 ·8
ρ	,,	3·8	K 0	14 26 27	+30 55 ·3	14 28 36	+30 42 ·0
γ	,,	2·9	F 0	14 27 3	+38 51 ·4	14 29 4	+38 38 ·1
β	,,	3·6	G 5	14 57 14	+40 53 ·1	14 59 7	+40 41 ·1
δ	,,	3·5	K 0	15 10 28	+33 46 ·9	15 12 29	+33 35 ·6
μ	,,	4·1	F 0	15 19 46	+37 49 ·0	15 21 39	+37 38 ·4
β	CrB	3·7	F op	15 22 41	+29 32 ·3	15 24 44	+29 21 ·8
θ	,,	4·2	B 5	15 27 53	+31 46 ·9	15 29 54	+31 36 ·7
α	Dra	3·6	A op	14 1 0	+64 58 ·4	14 2 22	+64 44 ·0
ι	,,	3·5	K 0	15 22 9	+59 24 ·3	15 23 16	+59 13 ·7
θ	,,	4·1	F 8	15 59 33	+58 54 ·0	16 0 29	+58 45 ·9
η	,,	2·9	G 5	16 22 18	+61 47 ·9	16 22 58	+61 41 ·0
ζ	,,	3·2	B 5	17 8 26	+65 52 ·1	17 8 34	+65 48 ·4
β	,,	3·0	G 0	17 27 37	+52 23 ·7	17 28 44	+52 21 ·4
ξ	,,	3·9	K 0	17 51 22	+56 53 ·6	17 52 14	+56 53 ·0
γ	,,	2·4	K 5	17 53 42	+51 30 ·3	17 54 52	+51 29 ·8
φ	,,	4·2	A op	18 22 34	+71 16 ·3	18 21 50	+71 17 ·9
χ	Her	4·5	G 0	15 48 21	+42 48 ·2	15 50 5	+42 39 ·6
φ	,,	4·3	B 9p	16 4 50	+45 15 ·8	16 6 24	+45 7 ·9
τ	,,	3·6	B 5	16 15 59	+46 36 ·7	16 17 29	+46 29 ·5
σ	,,	4·2	A 0	16 30 4	+42 41 ·8	16 31 41	+42 35 ·4
ζ	,,	3·0	G 0	16 36 35	+31 49 ·8	16 38 28	+31 44 ·3
η	,,	3·3	K 0	16 38 37	+39 9 ·7	16 40 20	+39 3 ·8
ε	,,	3·9	A 0	16 55 30	+31 6 ·7	16 57 25	+31 2 ·2
π	,,	3·4	K 5	17 10 42	+36 57 ·1	17 12 26	+36 53 ·6
ρ	,,	4·1	A 0	17 19 22	+37 15 ·7	17 21 6	+37 12 ·8
ι	,,	3·6	B 3	17 35 56	+46 4 ·4	17 37 21	+46 2 ·7
μ	,,	3·5	G 5	17 41 34	+27 47 ·7	17 43 31	+27 45 ·8
θ	,,	3·8	K 0	17 51 58	+37 16 ·1	17 53 41	+37 15 ·6
ξ	,,	3·8	K 0	17 52 54	+29 15 ·8	17 54 51	+29 15 ·3
ο	,,	3·8	A 0	18 2 40	+28 44 ·8	18 4 37	+28 45 ·1
η	UMa	1·9	B 3	13 42 37	+49 56 ·3	13 44 35	+49 41 ·2
γ	UMi	3·1	A 2	15 20 56	+72 16 ·7	15 20 50	+72 6 ·1
Etoiles variables:							
R	CVn	6·5–11·0 8·0–12·5	Md	13 43 35	+40 9 ·9	13 45 45	+39 54 ·9
S	CrB	7–11 8–13	Md	15 16 18	+31 49 ·1	15 18 20	+31 38 ·1
R	,,	5·8–11 6·0–15	G op	15 43 25	+28 32 ·6	15 45 29	+28 23 ·0
X	Her	6–7	Mc	15 58 54	+47 35 ·1	16 0 24	+47 26 ·6
g	,,	4·8–5·3 5·2–6·0	Mb	16 24 32	+42 9 ·3	16 26 10	+42 2 ·8
S	,,	6–11 7·5–13	Md	16 46 13	+15 10 ·2	16 48 29	+15 4 ·1
u	,,	5·0–5·6	B 3	17 12 43	+33 14 ·3	17 14 34	+33 10 ·7
Etoiles doubles:							
κ	Boo	4·3–8·6	A 5	14 9 0	+52 22 ·5	14 10 47	+52 8 ·5
ζ	CrB	4–6	B 8	15 34 40	+37 2 ·5	15 36 33	+36 52 ·7
ν	Dra	4·7–4·8	A 5 + A 5	17 29 45	+55 15 ·9	17 30 45	+55 13 ·8
Nébuleuses et amas:							
M 3	CVn			13 36	+29 1	13 39	+28 45
M 13	Her			16 37	+36 42	16 39	+36 36
H IV 37	Dra			17 59	+66 38	17 58	+66 38

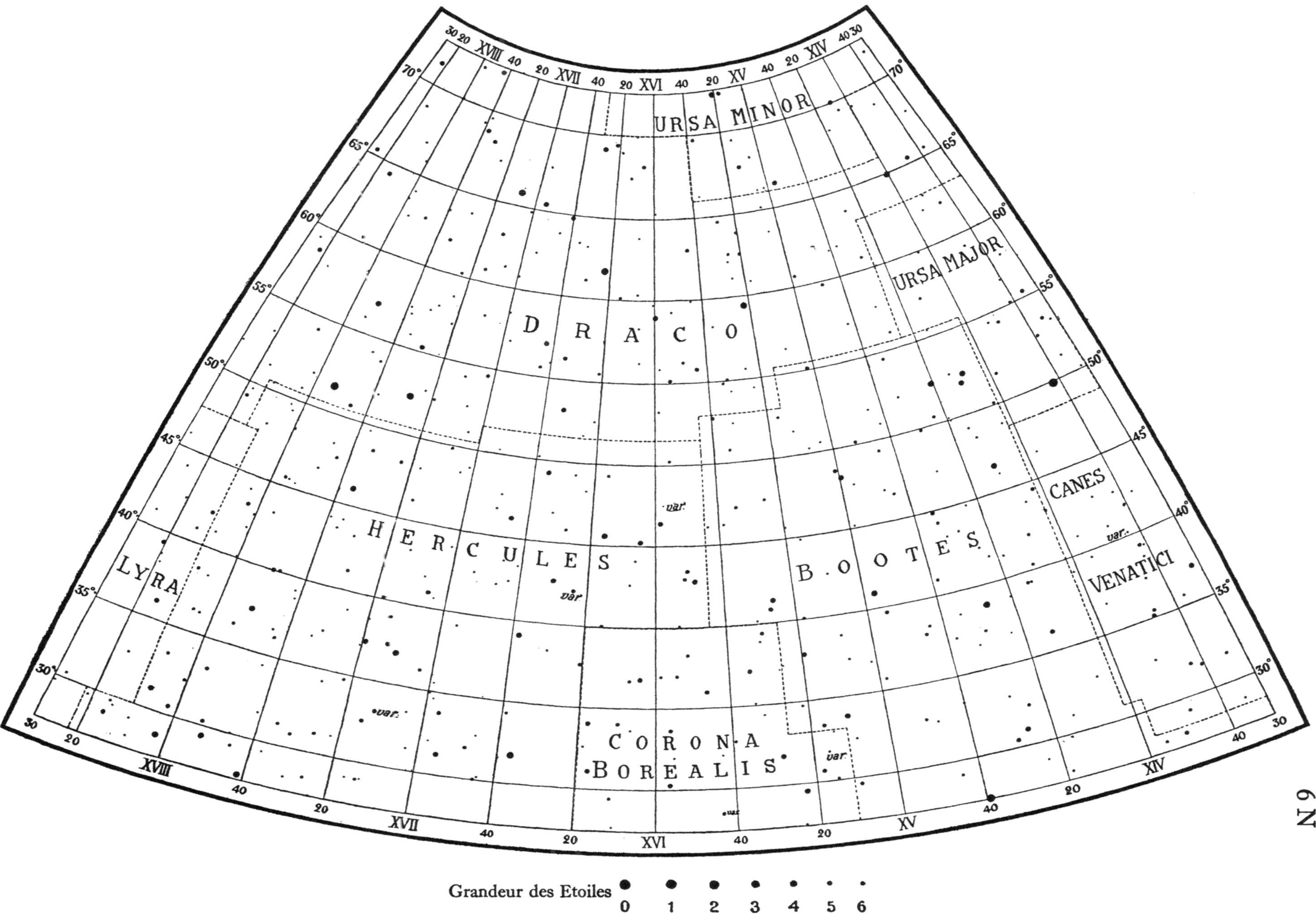
URSA MINOR
URSA MAJOR
DRACO
HERCULES
BOOTES
CANES
VENATICI
LYRA
CORONA
BOREALIS
var.
XVIII
XVII
XVI
XV
XIV
Grandeur des Etoiles
0 1 2 3 4 5 6

Hémisphère Nord

Limites $\begin{cases} \alpha: 17^h\ 30^m \text{ à } 22^h\ 30^m \\ \delta: +27^\circ\ 30' \text{ à } +72^\circ\ 30' \end{cases}$

Constellations: Cepheus—Cygnus—Draco—Hercules—Lacerta—Lyra—Pegasus

Nom de l'étoile	Gr.	Sp.	1875		1925	
			α	δ	α	δ
Etoiles principales:						
θ Cep	4·3	A 5	$20^h27^m29^s$	$+62^\circ34'{\cdot}5$	$20^h28^m20^s$	$+62^\circ44'{\cdot}5$
η ,,	3·6	K o	20 42 45	+61 21 ·2	20 43 46	+61 32 ·8
α ,,	2·6	A 5	21 15 36	+62 3 ·4	21 16 48	+62 16 ·0
β ,,	3·3	B 1	21 27 2	+70 0 ·7	21 27 42	+70 13 ·9
μ ,,	var.	Ma	21 39 41	+58 12 ·4	21 41 13	+58 26 ·1
ζ ,,	3·6	K o	22 6 31	+57 35 ·1	22 8 15	+57 49 ·9
δ ,,	var.	F 5–G o	22 24 32	+57 46 ·6	22 26 23	+58 1 ·9
κ Cyg	4·0	K o	19 14 13	+53 8 ·3	19 15 22	+53 13 ·8
β ,,	3·2	K o+A o	19 25 41	+27 41 ·9	19 27 42	+27 48 ·1
ι ,,	3·9	A 2	19 26 33	+21 27 ·9	19 27 49	+51 34 ·2
δ ,,	3·0	A o	19 41 4	+44 49 ·6	19 42 38	+44 56 ·8
χ ,,	var.	Md	19 45 45	+32 35 ·9	19 47 41	+32 43 ·5
η ,,	4·2	K o	19 51 37	+34 45 ·1	19 53 30	+34 53 ·2
o^1 ,,	4·3	K o+B 8	20 9 32	+46 24 ·1	20 11 16	+46 36 ·8
γ ,,	2·3	F 8p	20 17 45	+39 51 ·5	20 19 32	+40 1 ·0
41 ,,	4·1	F 5p	20 24 17	+29 57 ·2	20 26 20	+30 7 ·1
α ,,	1·3	A 2p	20 37 10	+44 50 ·1	20 38 53	+45 0 ·7
ε ,,	2·6	K o	20 41 9	+33 30 ·2	20 43 11	+33 41 ·3
γ ,,	3·9	A o	20 52 31	+40 41 ·2	20 54 23	+40 52 ·7
ξ ,,	3·9	K 5	21 0 23	+43 25 ·8	21 2 12	+43 37 ·7
ζ ,,	3·4	K o	21 7 37	+29 42 ·9	21 9 45	+29 55 ·1
τ ,,	3·8	F o	21 9 48	+37 30 ·8	21 11 48	+37 43 ·5
σ ,,	4·3	A op	21 12 30	+32 52 ·3	21 14 28	+39 4 ·8
υ Cyg	4·2	B 3p	$21^h12^m47^s$	$+34^\circ22'{\cdot}4$	$21^h14^m50^s$	$+34^\circ35'{\cdot}1$
ρ ,,	4·2	K o	21 29 17	+45 2 ·4	21 31 10	+45 15 ·6
μ ,,	4·5	F 5	21 38 33	+28 10 ·7	21 40 36	+28 24 ·5
ξ Dra	3·9	B 5	17 51 22	+56 53 ·6	17 52 14	+56 53 ·0
γ ,,	2·4	K 5	17 53 42	+51 30 ·3	17 54 52	+51 29 ·8
φ ,,	4·2	A op	18 22 34	+71 16 ·3	18 21 50	+71 17 ·9
δ ,,	3·2	K o	19 12 31	+67 26 ·5	19 12 33	+67 31 ·8
ε ,,	3·8	K o	19 48 35	+69 57 ·0	19 48 26	+70 4 ·6
ι Her	3·6	B 3	17 35 56	+46 4 ·4	17 37 21	+46 2 ·7
μ ,,	3·5	G 5	17 41 34	+27 47 ·7	17 43 31	+27 45 ·8
θ ,,	3·8	K o	17 51 58	+37 16 ·1	17 53 41	+37 15 ·6
ξ ,,	3·8	K o	17 52 54	+29 15 ·8	17 54 51	+29 15 ·3
o ,,	3·8	A o	18 2 40	+28 44 ·8	18 4 37	+28 45 ·1
α Lac	3·8	A o	22 26 9	+49 38 ·4	22 28 12	+49 53 ·8
κ Lyr	4·5	K o	18 15 29	+36 0 ·6	18 17 14	+36 2 ·0
α ,,	0·1	A o	18 32 42	+38 40 ·1	18 34 24	+38 42 ·8
β ,,	var.	B 8p + B 2p	18 45 28	+33 13 ·1	18 47 19	+33 16 ·3
γ ,,	3·3	A op	18 54 16	+32 31 ·2	18 56 8	+32 35 ·1
θ ,,	4·3	K o	19 12 2	+37 54 ·7	19 13 46	+38 0 ·0
π Peg	4·5	F 5	22 4 26	+32 33 ·9	22 5 54	+32 48 ·3

Nom de l'étoile	Gr.	Sp.	1875		1925	
			α	δ	α	δ
Etoiles variables:						
β Lyr	3·4–4·1	B 8p +B 2p	$18^h45^m28^s$	$+33^\circ13'{\cdot}1$	$18^h47^m19^s$	$+33^\circ16'{\cdot}3$
R ,,	4·0–4·5	Mb	18 51 32	+43 46 ·8	18 53 3	+43 50 ·8
SU Cyg	6·7–7·3	F 2p	19 39 48	+28 57 ·9	19 41 48	+29 4 ·9
RT ,,	6·5–11·0 8·5–13·0	Md	19 40 5	+48 28 ·7	19 41 31	+48 35 ·7
χ ,,	3·3–12 7·3–14	Md	19 45 45	+32 35 ·9	19 47 41	+32 43 ·5
RS ,,	7·0–8·5	Pec.	20 8 51	+38 21 ·1	20 10 41	+38 30 ·1
P (1) ,,	3·5–6	B 1p	20 13 11	+37 38 ·8	20 15 3	+37 48 ·4
X ,,	6·3–7·2	G op	20 38 30	+35 8 ·4	20 40 28	+35 18 ·9
T Cep	5·5–9·5 7·0–10·6	Md	21 7 53	+67 59 ·0	21 8 33	+68 11 ·0
W Cyg	5·5–6·6	Mc	21 31 17	+44 48 ·8	21 33 13	+45 2 ·4
μ Cep	3·7–4·7	Ma	21 39 41	+58 12 ·4	21 41 13	+58 26 1
π Peg	5·7–12·0 10·2–10·7	F 5	22 4 26	+32 33 ·9	22 5 54	+32 48 ·3
δ Cep	3·6–4·2	F 5–G o	22 24 32	+57 46 ·6	22 26 23	+58 1 ·9
(1) P Cyg = Nova Cyg 1600.						
Etoiles doubles:						
α Lyr	0·1–10	A o	18 32 42	+38 40 ·1	18 34 24	+38 42 ·8
ϵ^1 ,,	4·6–6·3	A 3	18 40 12	+39 32 ·2	18 41 51	+39 35 ·4
ϵ^2 ,,	4·9–5·2	A 5	18 40 14	+39 28 ·7	18 41 53	+39 32 ·0
β Cyg	3·2–5·5	K o +A o	19 25 41	+27 41 ·9	19 27 42	+27 48 ·1
61 ,,	5·6–6·0	K 5 +K 5	21 1 18	+38 8 ·2	21 3 32	+38 22 ·8
β Cep	3·3–8	B 1	21 27 2	+70 0 ·7	21 27 42	+70 13 ·9
μ Cyg	4–5	F 5	21 38 33	+28 10 ·7	21 40 36	+28 24 ·5
ξ Cep	5·3–6·5	A 3 +G	22 0 10	+64 1 ·2	22 1 35	+64 16 ·7
Nébuleuses et amas:						
H IV 37 Dra			17 59	+66 38	17 58	+66 38
M 57 Lyr			18 49	+32 52	18 51	+32 56
H VIII 75 Lac			22 10	+49 16	22 12	+49 31

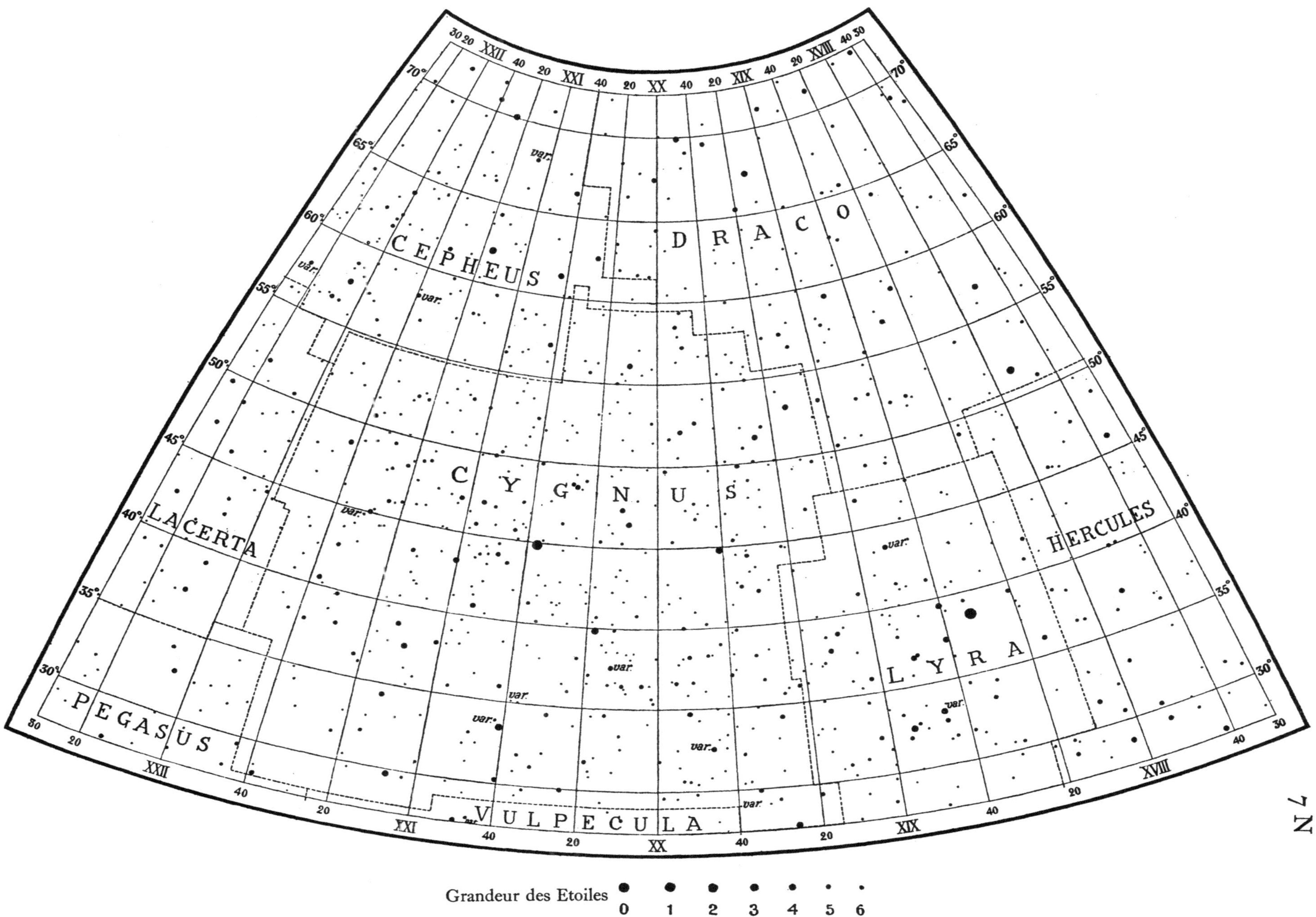
CEPHEUS
DRACO
CYGNUS
LACERTA
HERCULES
LYRA
PEGASUS
VULPECULA
Grandeur des Etoiles
0 1 2 3 4 5 6

Hémisphère Nord

Limites $\begin{cases} \alpha: 21^h\ 30^m \text{ à } 2^h\ 30^m \\ \delta: -\ 12^\circ\ 30' \text{ à } +\ 32^\circ\ 30' \end{cases}$

Constellations: Andromeda—Aquarius—Aries—Cetus—Pegasus—Pisces—Triangulum

Nom de l'étoile		Gr.	Sp.	1875 α	1875 δ	1925 α	1925 δ
Etoiles principales:							
α	And	2·2	A op	$0^h\ 1^m 56^s$	+28°24′·0	$0^h\ 4^m 30^s$	+28°40′·6
ε	,,	4·3	G5	0 31 57	+28 38·0	0 34 35	+28 54·3
δ	,,	3·2	K2	0 32 39	+30 10·6	0 35 19	+30 27·1
ζ	,,	4·3	K0	0 40 43	+23 35·2	0 43 22	+23 51·6
α	Aqr	3·2	G0	21 59 22	− 0 55·6	22 1 56	− 0 41·1
θ	,,	4·3	K0	22 10 13	− 8 24·3	22 12 53	− 8 9·4
γ	,,	4·0	A0	22 15 10	− 2 1·0	22 17 47	− 1 45·9
ζ	,,	3·8	F2	22 22 24	− 0 39·5	22 24 58	− 0 24·3
η	,,	4·1	B8	22 28 56	− 0 45·7	22 31 30	− 0 30·3
λ	,,	3·8	Ma	22 46 4	− 8 14·6	22 48 42	− 7 58·7
γ	Ari	4·1	A op	1 46 40	+18 40·8	1 49 24	+18 55·6
β	,,	2·7	A5	1 47 44	+20 11·8	1 50 30	+20 26·5
α	,,	2·2	K2	2 0 8	+22 52·2	2 2 56	+23 6·5
ι	Cet	3·5	K0	0 13 4	− 9 31·0	0 15 36	− 9 14·4
η	,,	3·6	K0	1 2 18	−10 50·7	1 4 49	−10 34·8
θ	,,	3·8	K0	1 17 46	− 8 49·7	1 20 16	− 8 34·2
ζ	,,	3·5	K0	1 45 17	−10 57·2	1 47 45	−10 42·3
o	,,	var.	Md	2 13 2	− 3 32·9	2 15 33	− 3 19·0
ξ^2	,,	4·3	A0	2 21 31	+ 7 53·9	2 24 10	+ 8 7·5
ε	Peg	3·5	K0	21 38 3	+ 9 18·2	21 40 30	+ 9 31·8
9	,,	4·0	G5	21 38 36	+16 46·7	21 40 58	+17 0·5
κ	,,	4·3	F5	21 38 59	+25 4·3	21 41 15	+25 18·0
ι	,,	3·9	F5	22 1 12	+24 44·1	22 3 31	+24 58·7
θ	,,	3·7	A2	22 3 54	+ 5 35·0	22 6 25	+ 5 49·7
ζ	,,	3·6	B8	22 35 14	+10 10·8	22 37 43	+10 26·4
η	,,	3·1	G0	22 37 9	+29 34·1	22 39 29	+29 49·7
ξ	,,	4·4	F5	22 40 27	+11 32·0	22 42 56	+11 47·8
λ	,,	3·9	K0	22 40 31	+22 54·5	22 42 55	+23 10·2
μ	,,	3·6	K0	22 43 58	+23 56·5	22 46 23	+24 12·3
β	,,	2·6	Ma	22 57 43	+27 24·3	23 0 8	+27 40·5
α	,,	2·6	A0	22 58 32	+14 32·0	23 1 1	+14 48·1
υ	,,	4·6	G0	23 19 9	+22 43·0	23 21 38	+22 59·5
γ	,,	2·9	B2	0 6 48	+14 29·3	0 9 22	+14 46·0
γ	Psc	3·9	K0	23 10 41	+ 2 36·0	23 13 16	+ 2 52·3
θ	,,	4·4	G5	23 21 38	+ 5 41·5	23 24 11	+ 5 58·1
ι	,,	4·3	F8	23 33 31	+ 4 56·9	23 36 6	+ 5 13·2
ω	,,	4·0	F5	23 52 54	+ 6 10·3	23 55 28	+ 6 26·9
δ	,,	4·5	K5	0 42 12	+ 6 54·3	0 44 47	+ 7 10·6
ε	,,	4·4	K0	0 56 27	+ 7 13·0	0 59 3	+ 7 29·2
τ	,,	4·5	K0	1 4 47	+29 25·5	1 7 32	+29 41·5
η	,,	3·7	G5	1 24 48	+14 42·0	1 27 28	+14 57·6
o	,,	4·5	K0	1 38 48	+ 8 31·7	1 41 26	+ 8 46·8
α	,,	4·3	A 2p	1 55 35	+ 2 9·5	1 58 10	+ 2 24·1
α	Tri	3·6	F5	1 45 58	+28 58·1	1 48 48	+29 12·9
Etoiles variables:							
β	Peg	2·6–1·6	Ma	22 57 43	+27 24·3	23 0 8	+27 40·5
o	Cet	1·7–8·7 5·2–10·0	Md	2 13 2	− 3 32·9	2 15 33	− 3 19·0
Etoiles doubles:							
ε	Peg	2·5–9	K0	21 38 3	+ 9 18·2	21 40 30	+ 9 31·8
ζ	Aqr	4·4–4·6	F2	22 22 24	− 0 39·5	22 24 58	− 0 24·3
ψ^1	Aqr	4·8–9·3	K0	23 9 21	− 9 46·1	23 11 57	− 9 29·8
35	Psc	7·0–8·6	F0	0 8 33	+ 8 7·6	0 11 6	+ 8 24·3
γ	Ari	4·3–4·4	A op	1 46 40	+18 40·8	1 49 24	+18 55·6
α	Psc	4·3–5·2	A 2p	1 55 35	+ 2 9·5	1 58 10	+ 2 24·1

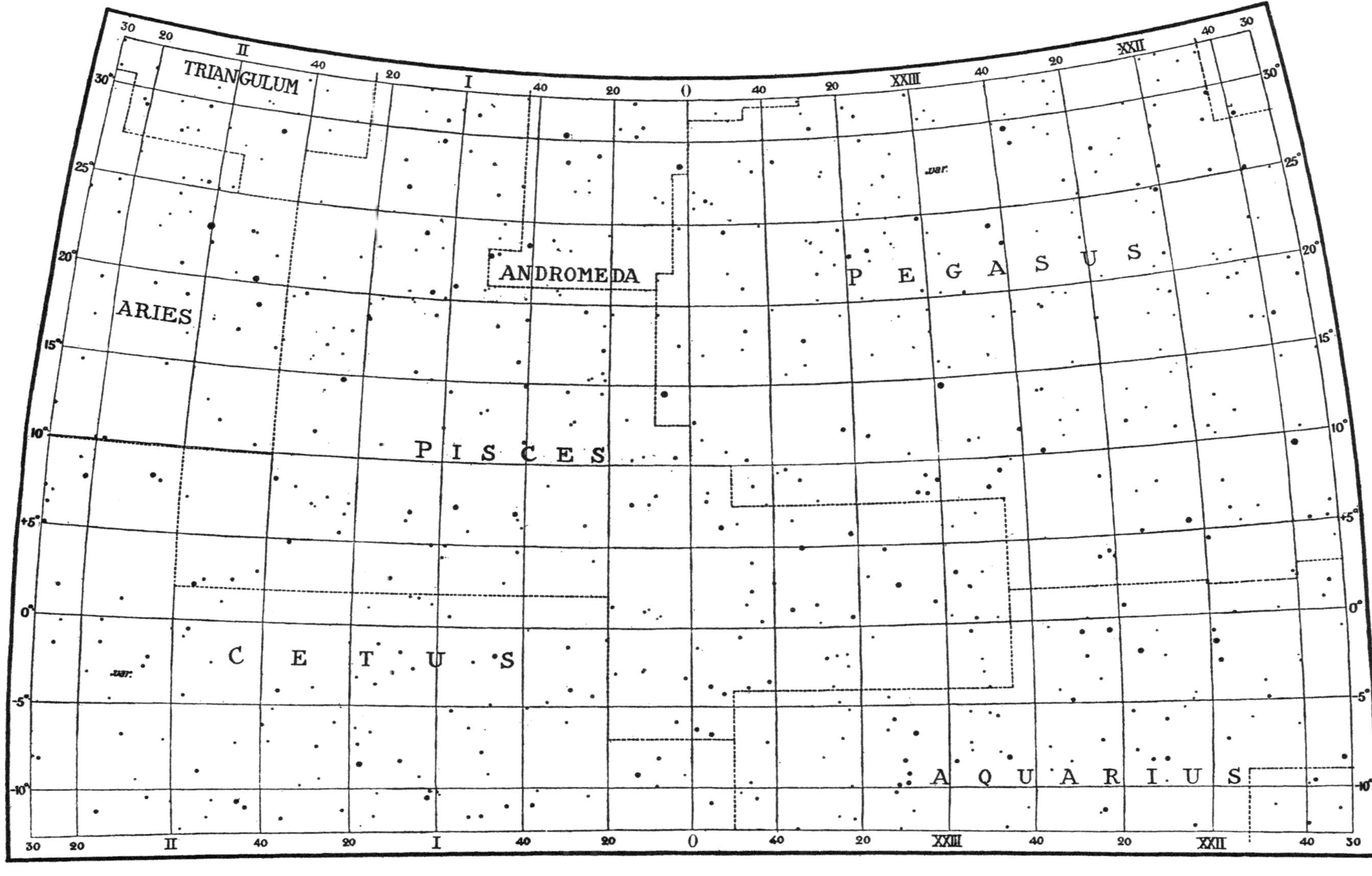

TRIANGULUM
ARIES
ANDROMEDA
PEGASUS
PISCES
CETUS
AQUARIUS
var.
var.
II
I
0
XXIII
XXII
Grandeur des Etoiles
2 3 4 5 6

Hémisphère Nord

Limites $\begin{cases}\alpha: 1^h 30^m \text{ à } 6^h 30^m \\ \delta: -12° 30' \text{ à } +32° 30'\end{cases}$

Constellations: Aries—Cetus—Eridanus—Gemini—Orion—Taurus

Nom de l'étoile	Gr.	Sp.	1875 α	1875 δ	1925 α	1925 δ	Nom de l'étoile	Gr.	Sp.	1875 α	1875 δ	1925 α	1925 δ
Etoiles principales:													
γ Ari	4·3	A op	$1^h46^m40^s$	+18°40′·8	$1^h49^m24^s$	+18°55′·6	δ Ori	2·5	B o	$5^h25^m37^s$	− 0°23′·6	$5^h28^m11^s$	− 0°21′·2
β ,,	2·7	A 5	1 47 44	+20 11 ·8	1 50 30	+20 26 ·5	λ ,,	4·5	Oe 5	5 28 15	+ 9 50 ·9	5 31 0	+ 9 53 ·1
α ,,	2·2	K 2	2 0 8	+22 52 ·2	2 2 56	+23 6 ·5	ι ,,	2·8	Oe 5	5 29 17	− 5 59 ·6	5 31 46	− 5 57 ·5
41 ,,	3·7	B 8	2 42 38	+26 44 ·6	2 45 34	+26 57 ·1	ε ,,	1·8	B o	5 29 52	− 1 17 ·0	5 32 24	− 1 14 ·9
δ ,,	4·5	K o	3 4 29	+19 15 ·1	3 7 20	+19 26 ·7	σ ,,	3·8	B o	5 32 18	− 2 40 ·4	5 34 59	− 2 38 ·5
ζ Cet	3·5	K o	1 45 17	−10 57 ·2	1 47 45	−10 42 ·3	ζ ,,	1·9	B o	5 34 27	− 2 0 ·6	5 36 58	− 1 58 ·9
o ,,	var.	Md	2 13 2	− 3 32 ·9	2 15 33	− 3 19 ·0	κ ,,	2·1	B o	5 41 46	− 9 43 ·9	5 44 12	− 9 41 ·7
ξ^2 ,,	4·3	A o	2 21 31	+ 7 53 ·9	2 24 10	+ 8 7 ·5	α ,,	var.	Ma	5 48 24	+ 7 22 ·9	5 51 7	+ 7 23 ·7
δ ,,	3·9	B 2	2 33 5	− 0 12 ·7	2 35 38	+ 0 0 ·3	ν ,,	4·4	B 2	6 0 26	+14 46 ·9	6 3 17	+14 46 ·7
γ ,,	3·6	A 2	2 36 50	+ 2 42 ·5	2 39 25	+ 2 55 ·2	o Tau	3·6	G 5	3 18 5	+ 8 35 ·3	3 20 47	+ 8 46 ·0
μ ,,	4·4	F o	2 38 11	+ 9 35 ·1	2 40 53	+ 9 47 ·9	ξ ,,	3·8	B 8	3 20 24	+ 9 17 ·7	3 23 6	+ 9 28 ·3
α ,,	2·8	Ma	2 55 45	+ 3 35 ·9	2 58 21	+ 3 47 ·8	f ,,	4·1	K o	3 23 58	+12 30 ·4	3 26 44	+12 40 ·8
η Eri	4·1	K o	2 50 19	− 9 23 ·9	2 52 4	− 9 11 ·7	10 ,,	4·4	G 5	3 30 29	+ 0 0 ·1	3 33 3	+ 0 9 ·9
ε ,,	3·8	K o	3 27 0	− 9 52 ·9	3 29 24	− 9 42 ·7	17 ,,	4·0	B 5p	3 37 27	+23 43 ·1	3 40 25	+23 52 ·7
δ ,,	3·7	K o	3 37 15	−10 10 ·9	3 39 39	−10 1 ·0	20 ,,	4·4	B 5	3 38 23	+23 58 ·5	3 41 21	+24 7 ·9
π ,,	4·3	Ma	3 40 13	−12 29 ·7	3 42 37	−12 20 ·0	23 ,,	4·5	B 5	3 38 55	+23 33 ·4	3 41 52	+23 42 ·7
o^1 ,,	4·1	F 2	4 5 45	− 7 9 ·9	4 8 12	− 7 1 ·9	η ,,	3·0	B 5p	3 40 3	+23 43 ·0	3 43 1	+23 52 ·5
o^2 ,,	4·5	G 5	4 9 27	− 7 52 ·1	4 11 49	− 7 46 ·1	27 ,,	3·8	B 8	3 41 44	+23 40 ·2	3 44 42	+23 49 ·5
ν ,,	4·1	B 2	4 30 4	− 3 36 ·4	4 32 34	− 3 30 ·3	λ ,,	var.	B 3	3 53 45	+12 8 ·1	3 56 31	+12 16 ·8
μ ,,	4·2	B 5	4 39 15	− 3 29 ·1	4 41 45	− 3 23 ·5	ν ,,	3·9	A o	3 56 30	+ 5 38 ·5	3 59 10	+ 5 46 ·9
ω ,,	4·3	F o	4 46 45	− 5 39 ·8	4 49 12	− 5 34 ·6	μ ,,	4·2	B 3	4 8 45	+ 8 34 ·7	4 11 28	+ 8 42 ·8
β ,,	2·7	A 3	5 1 41	− 5 15 ·0	5 4 10	− 5 10 ·9	γ ,,	3·9	K o	4 12 41	+15 19 ·4	4 15 31	+15 26 ·9
λ ,,	4·3	B 2	5 3 10	− 8 54 ·9	5 5 33	− 8 51 ·0	δ ,,	3·9	K o	4 15 44	+17 14 ·9	4 18 36	+17 22 ·1
η Gem	var.	Ma	6 7 20	+22 32 ·5	6 10 21	+22 31 ·8	ε ,,	3·6	K o	4 21 19	+18 54 ·1	4 24 14	+19 0 ·9
μ ,,	3·2	Ma	6 15 24	+22 34 ·5	6 18 25	+22 33 ·2	θ^1 ,,	4·1	K o	4 21 26	+15 41 ·0	4 24 17	+15 47 ·5
π^3 Ori	3·3	F 8	4 43 4	+ 6 44 ·5	4 45 46	+ 6 49 ·9	θ^2 ,,	3·8	F o	4 21 32	+15 35 ·5	4 24 22	+15 42 ·1
π^4 ,,	3·8	B 3	4 44 33	+ 5 23 ·4	4 47 13	+ 5 28 ·7	d ,,	4·1	A 3	4 28 47	+ 9 54 ·1	4 31 31	+10 0 ·9
π^5 ,,	3·9	B 3	4 47 44	+ 2 14 ·1	4 50 21	+ 2 19 ·2	α ,,	1·1	K 5	4 28 45	+16 15 ·4	4 31 37	+16 21 ·6
β ,,	0·3	B 8p	5 8 32	− 8 20 ·8	5 10 56	− 8 17 ·2	c ,,	4·0	A 3	4 31 10	+12 15 ·5	4 33 57	+12 22 ·2
τ ,,	3·7	B 5	5 11 30	− 6 58 ·8	5 13 58	− 6 55 ·5	τ ,,	4·1	B 5	4 34 45	+22 42 ·9	4 37 45	+22 48 ·9
e ,,	4·5	K o	5 17 55	− 7 55 ·5	5 20 20	− 7 52 ·7	β ,,	1·8	B 8	5 18 23	+28 30 ·0	5 21 33	+28 32 ·7
η ,,	3·3	B 1	5 18 11	− 2 30 ·8	5 20 42	− 2 27 ·9	ζ ,,	3·0	B 3p	5 30 10	+21 3 ·9	5 33 10	+21 5 ·9
γ ,,	1·7	B 2	5 18 26	+ 6 14 ·1	5 21 6	+ 6 17 ·0							

Nom de l'étoile	Gr.	Sp.	1875 α	1875 δ	1925 α	1925 δ
Etoiles variables:						
o Cet	1·7– 8·7 5·2–10·0	Md	$2^h13^m\ 2^s$	− 3°32′·9	$2^h15^m33^s$	− 3°19′·0
λ Tau	3·8– 4·2	B 3	3 53 45	+12 8 ·1	3 56 31	+12 16 ·8
W Ori	5·8– 7·2	Nb	4 58 56	+ 1 0 ·2	5 1 32	+ 1 4 ·7
α ,,	0·5– 1·1	Ma	5 48 24	+ 7 22 ·9	5 51 7	+ 7 23 ·7
η Gem	3·4–3·7–4·1	Ma	6 7 20	+22 32 ·5	6 10 21	+22 31 ·8
Etoiles doubles:						
γ Ari	4·5– 4	A op	1 46 40	+18 40 ·8	1 49 24	+18 55 ·6
γ Cet	2·3– 7	A 2	2 36 50	+ 2 42 ·5	2 39 25	+ 2 55 ·2
w Eri	5·0– 6·3	G 5 + A	3 48 31	− 3 19 ·6	3 50 31	− 3 10 ·5
α Tau	1·1–11	K 5	4 28 45	+16 15 ·4	4 31 37	+16 21 ·6
β Ori	1 – 8	B 8p	5 8 32	− 8 20 ·8	5 10 56	− 8 17 ·2
ι ,,	2·8– 7	Oe 5	5 29 17	− 5 59 ·6	5 31 46	− 5 57 ·5
σ ,,	3·8– 7	B o	5 32 18	− 2 40 ·4	5 34 59	− 2 38 ·5
52 ,,	6·2– 6·2	A 3	5 41 17	+ 6 24 ·5	5 43 58	+ 6 24 ·7
Nébuleuses et amas:						
M 1 Tau			5 27	+21 56	5 30	+21 58
M 42 Ori			5 29	− 5 29	5 32	− 5 27
M 35 Gem			6 1	+24 21	6 4	+24 21

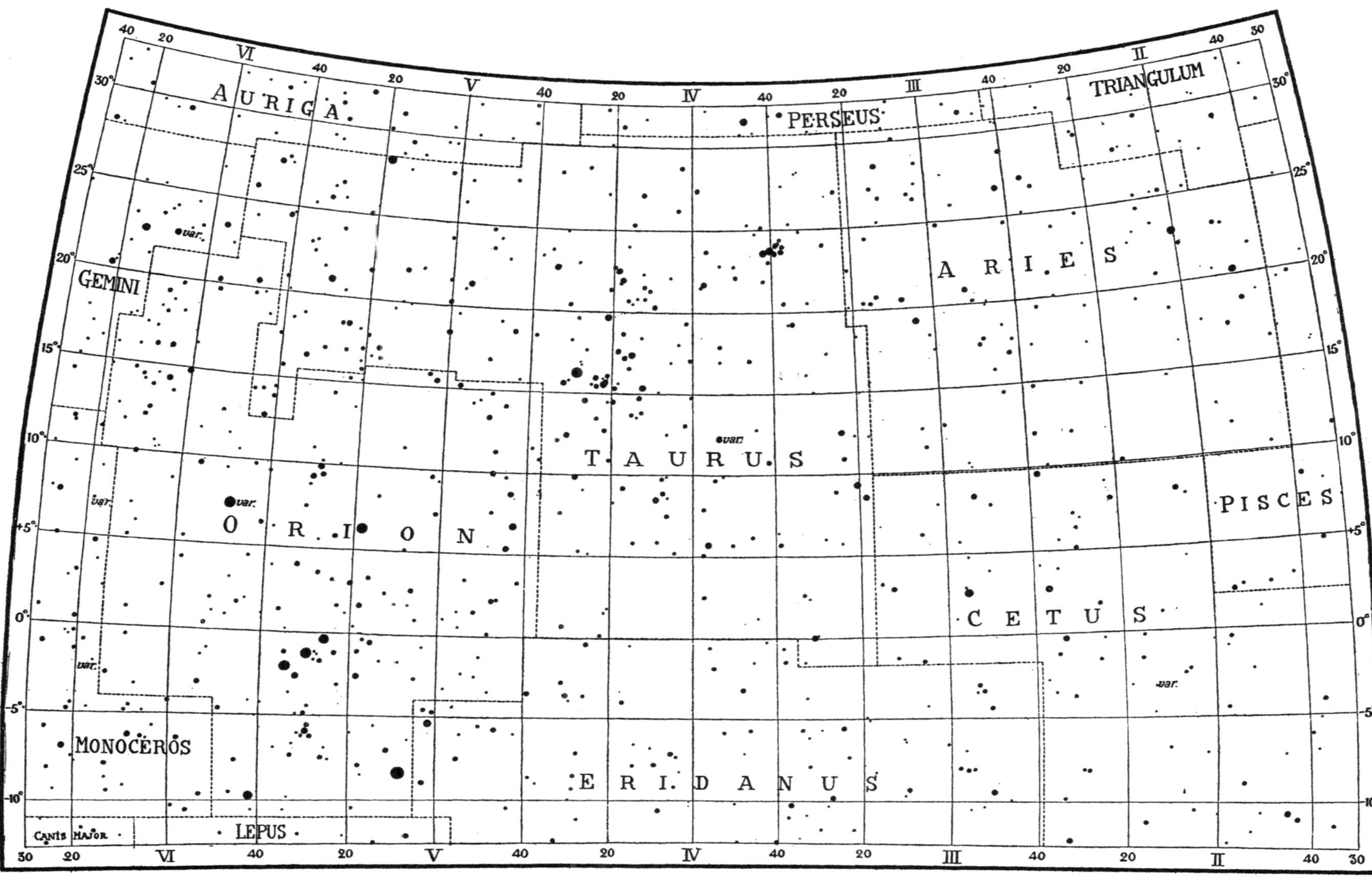
AURIGA
PERSEUS
TRIANGULUM
GEMINI
ARIES
TAURUS
ORION
PISCES
CETUS
MONOCEROS
ERIDANUS
CANIS MAJOR
LEPUS
var.
Grandeur des Etoiles
0 1 2 3 4 5 6

Hémisphère Nord

Limites $\begin{cases} \alpha: 5^h\,30^m \text{ à } 10^h\,30^m \\ \delta: -12°\,30' \text{ à } +32°\,30' \end{cases}$

Constellations: Cancer—Canis Minor—Gemini—Hydra—Leo—Monoceros—Orion—Sextans

Nom de l'étoile	Gr.	Sp.	1875 α	1875 δ	1925 α	1925 δ
Etoiles principales:						
β Cnc	3·8	K 2	8^h 9^{m}44^s	+ 9°34′·2	8^{h}12^{m}27^s	+ 9°25′·1
δ ,,	4·2	K o	8 37 55	+18 36 ·7	8 40 26	+18 25 ·9
ι ,,	4·2	A 5 + G 5	8 39 8	+29 12 ·9	8 42 10	+29 2 ·1
α ,,	4·3	A 3	8 51 39	+12 20 ·4	8 54 23	+12 8 ·9
β CMi	3·1	B 8	7 20 22	+ 8 32 ·4	7 23 5	+ 8 26 ·5
α ,,	0·5	F 5	7 32 45	+ 5 32 ·6	7 35 23	+ 5 25 ·1
η Gem	var.	Ma	6 7 20	+22 32 ·5	6 10 21	+22 31 ·8
μ ,,	3·2	Ma	6 15 24	+22 34 ·5	6 18 25	+22 33 ·2
ν ,,	4·1	B 5	6 21 32	+20 17 ·4	6 24 31	+20 15 ·7
γ ,,	1·9	A o	6 30 29	+16 30 ·2	6 33 23	+16 27 ·9
ε ,,	3·1	G 5	6 36 14	+25 15 ·2	6 39 19	+25 12 ·4
ξ ,,	3·4	F 5	6 38 16	+13 1 ·7	6 41 5	+12 58 ·7
ζ ,,	var.	G op	6 56 42	+20 45 ·1	6 59 40	+20 40 ·9
λ ,,	3·7	A 2	7 10 55	+16 45 ·8	7 13 47	+16 40 ·6
δ ,,	3·5	F o	7 12 39	+22 12 ·6	7 15 39	+22 7 ·3
ι ,,	3·9	K o	7 17 58	+28 2 ·7	7 21 4	+27 56 ·9
ρ ,,	4·1	F o	7 21 4	+32 1 ·9	7 24 18	+31 56 ·1
α ,,	2·0	A o	7 26 37	+32 9 ·6	7 29 49	+32 3 ·3
υ ,,	4·2	K 5	7 28 13	+27 10 ·3	7 31 18	+27 3 ·8
κ ,,	3·7	G 5	7 36 54	+24 41 ·8	7 39 55	+24 34 ·7
β ,,	1·2	K o	7 37 40	+28 19 ·6	7 40 44	+28 12 ·5
C Hya (1)	3·6	A o	8 19 25	− 3 30 ·0	8 21 55	− 3 39 ·6
δ ,,	4·2	A o	8 31 2	+ 6 8 ·3	8 33 41	+ 5 58 ·0
(1) C Hya = 30 Mon.						

Nom de l'étoile	Gr.	Sp.	1875 α	1875 δ	1925 α	1925 δ
ε Hya	3·5	F 8	8^{h}40^m 9^s	+ 6°52′·6	8^{h}42^{m}48^s	+ 6°41′·7
ζ ,,	3·1	K o	8 48 47	+ 6 25 ·2	8 51 26	+ 6 13 ·9
θ ,,	3·8	A o	9 7 52	+ 2 50 ·4	9 10 28	+ 2 37 ·9
α ,,	2·1	K 2	9 21 21	− 8 7 ·0	9 23 54	− 8 20 ·0
ι ,,	4·1	K o	9 33 28	− 0 34 ·6	9 36 2	− 0 48 ·1
λ ,,	3·8	K o	10 4 28	−11 47 ·0	10 6 56	−11 59 ·0
λ Leo	4·0	K 5	9 24 35	+23 31 ·1	9 27 27	+23 18 ·3
ο ,,	3·8	F 5 + A 3	9 34 29	+10 27 ·6	9 37 9	+10 14 ·1
ε ,,	3·1	G op	9 38 45	+24 20 ·9	9 41 36	+24 7 ·2
μ ,,	4·1	K o	9 45 39	+26 35 ·7	9 48 30	+26 21 ·7
η ,,	3·6	A op	10 0 31	+17 22 ·3	10 3 15	+17 7 ·0
α ,,	1·3	B 8	10 1 43	+12 34 ·6	10 4 23	+12 20 ·1
ζ ,,	3·7	F o	10 9 44	+24 2 ·4	10 12 31	+23 47 ·5
γ ,,	2·2	K o	10 13 5	+20 28 ·3	10 15 51	+20 13 ·3
ρ ,,	3·9	B op	10 26 14	+ 9 57 ·0	10 28 52	+ 9 41 ·6
γ Mon	4·5	K o	6 8 46	− 6 14 ·1	6 11 12	− 6 15 ·0
δ ,,	4·3	A o	7 5 29	− 0 17 ·3	7 8 2	− 0 22 ·0
σ Ori	3·8	B o	5 32 8	− 2 40 ·4	5 34 59	− 2 38 ·5
ζ ,,	1·9	B o	5 34 27	− 2 0 ·6	5 36 58	− 1 58 ·9
κ ,,	2·1	B o	5 41 46	− 9 43 ·9	5 44 12	− 9 41 ·7
α ,,	var.	Ma	5 48 24	+ 7 22 ·9	5 51 7	+ 7 23 ·7
ν ,,	4·4	B 2	6 0 26	+14 46 ·9	6 3 17	+14 46 ·7

Nom de l'étoile		Gr.	Sp.	1875 α	1875 δ	1925 α	1925 δ
Etoiles variables:							
α	Ori	0·5–1·1	Ma	5^{h}48^{m}24^s	+ 7°22′·9	5^{h}51^m 7^s	+ 7°23′·7
η	Gem	3·7–4·1	Ma	6 7 20	+22 32 ·5	6 10 21	+22 31 ·8
V	Mon	6·5–7–13	Md	6 16 25	− 2 7 ·6	6 18 57	− 2 9 ·5
T	,,	5·8–6·8	G 5p	6 18 23	+ 7 9 ·6	6 21 10	+ 7 7 ·6
ζ	Gem	3·7–4·3	G op	6 56 42	+20 45 ·1	6 59 40	+20 40 ·9
U	Mon	6·2–7·0	G 5	7 24 50	− 9 31 ·0	7 27 13	− 9 37 ·0
R	Cnc	6·8–11·2	Md	8 9 40	+12 6 ·5	8 12 26	+11 57 ·5
X	,,	6·0–7·3	Nb	8 48 20	+17 42 ·2	8 51 10	+17 31 ·2
R	Leo	5·0–9·5 6·5–10·5	Md	9 40 50	+12 0 ·6	9 43 32	+11 46 ·6
Etoiles doubles:							
σ	Ori	3·8–7	B o	5 32 18	− 2 40 ·4	5 34 59	− 2 38 ·5
52	,,	6·2–6·2	A 3	5 41 17	+ 6 24 ·5	5 43 58	+ 6 24 ·7
ε	Mon	4·5–6·5	A 5	6 17 9	+ 4 39 ·3	6 19 48	+ 4 37 ·9
β	,,	5·5–5·5–6·0	B 2p	6 22 47	− 6 57 ·4	6 25 12	− 6 59 ·1
α	Gem	2·0–2·9	A o	7 26 37	+32 9 ·6	7 29 49	+32 3 ·3
ζ	Cnc	5·1–6·7	G o	8 5 2	+18 1 ·4	8 7 54	+17 52 ·7
17	Hya	7–7	A 3	8 49 22	− 7 29 ·6	8 51 48	− 7 41 ·0
α	Leo	1·3–8·5	B 8	10 1 43	+12 34 ·6	10 4 23	+12 20 ·1
γ	,,	2·6–3·8	K o	10 13 5	+20 28 ·3	10 15 51	+20 13 ·3
Nébuleuses et amas:							
M 35	Gem			6 1	+24 21	6 4	+24 21
H VII 2	Mon			6 25	+ 5 2	6 28	+ 5 0
M 50	,,			6 57	− 8 11	6 59	− 8 16
M 44	Cnc			8 33	+20 25	8 36	+20 14
M 67	,,			8 45	+12 16	8 47	+12 5

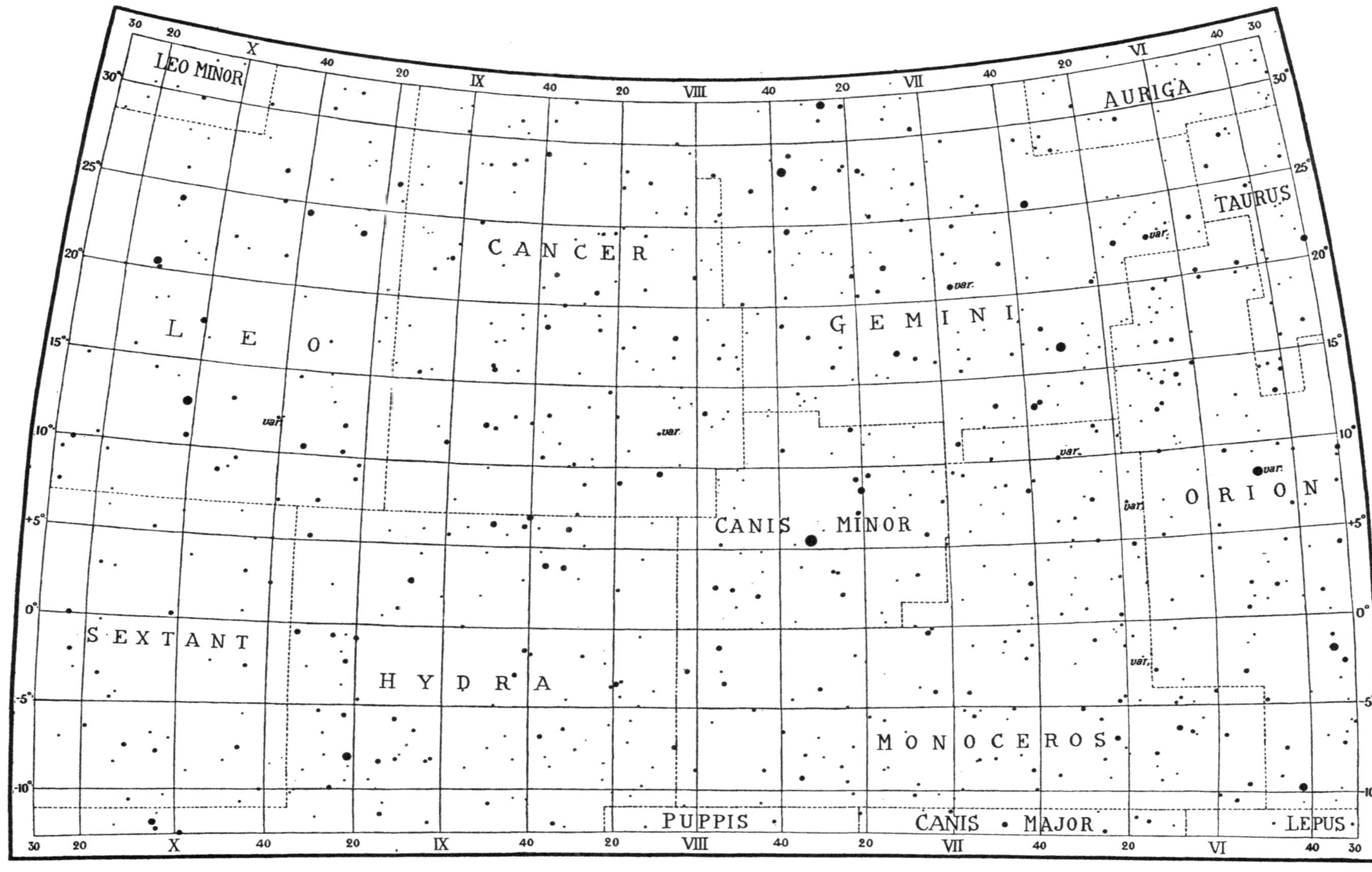
LEO MINOR
AURIGA
TAURUS
C A N C E R
G E M I N I
L E O
ORION
CANIS MINOR
SEXTANT
H Y D R A
M O N O C E R O S
PUPPIS
CANIS MAJOR
LEPUS
var.
X
IX
VIII
VII
VI
Grandeur des Etoiles
0 1 2 3 4 5 6

Hémisphère Nord

Limites $\begin{cases} \alpha: 9^h\ 30^m \text{ à } 14^h\ 30^m \\ \delta: -12^\circ\ 30' \text{ à } +32^\circ\ 30' \end{cases}$

Constellations: Bootes—Coma Berenices—Leo—Leo Minor—Sextans—Virgo

Nom de l'étoile		Gr.	Sp.	1875		1925	
				α	δ	α	δ
Etoiles principales:							
υ	Boo	4·0	K 5	13h43m27s	+16°25′·1	13h45m52s	+16°10′·2
η	,,	2·8	G 0	13 48 44	+19 1 ·5	13 51 7	+18 46 ·4
α	,,	0·2	K 0	14 9 58	+19 50 ·1	14 12 14	+19 34 ·3
ρ	,,	3·8	K 0	14 26 27	+30 55 ·3	14 28 36	+30 42 ·0
α	Com	4·4	F 5	13 3 55	+18 11 ·5	13 6 22	+17 55 ·5
β	,,	4·3	G 0	13 6 2	+28 30 ·7	13 8 23	+28 15 ·5
ο	Leo	3·8	F 5 + A 3	9 34 29	+10 27 ·6	9 37 9	+10 14 ·1
ε	,,	3·1	G op	9 38 45	+24 20 ·9	9 41 36	+24 7 ·2
μ	,,	4·1	K 0	9 45 39	+26 35 ·7	9 48 30	+26 21 ·7
η	,,	3·6	A op	10 0 31	+17 22 ·3	10 3 15	+17 7 ·7
α	,,	1·3	B 8	10 1 43	+12 34 ·6	10 4 23	+12 20 ·1
ζ	,,	3·7	F 0	10 9 44	+24 2 ·4	10 12 31	+23 47 ·5
γ	,,	2·2	K 0	10 13 5	+20 28 ·3	10 15 51	+20 13 ·3
ρ	,,	3·9	B op	10 26 14	+ 9 57 ·0	10 28 52	+ 9 41 ·6
54	,,	4·3	A 0	10 48 51	+25 25 ·0	10 51 33	+25 9 ·0
δ	,,	2·6	A 3	11 7 28	+21 12 ·5	11 10 7	+20 56 ·1
θ	,,	3·3	A 0	11 7 41	+16 6 ·8	11 10 18	+15 50 ·4
φ	,,	4·5	A 5	11 10 18	− 2 58 ·1	11 12 51	− 3 14 ·5
σ	,,	4·1	A 0	11 14 41	+ 6 42 ·9	11 17 16	+ 6 26 ·5
ι	,,	4·0	F 5	11 17 24	+11 13 ·1	11 20 1	+10 56 ·6
υ	,,	4·5	K 0	11 30 33	− 0 8 ·0	11 33 7	− 0 24 ·6
β	,,	2·2	A 2	11 42 41	+15 16 ·3	11 45 14	+14 59 ·5
ν	Vir	4·2	Ma	11 39 26	+ 7 13 ·8	11 42 0	+ 6 57 ·0
β	,,	3·8	F 8	11 44 11	+ 2 28 ·1	11 46 47	+ 2 11 ·2
ο	,,	4·2	G 5	11 58 51	+ 9 25 ·6	12 1 23	+ 9 9 ·0
η	,,	4·0	A 0	12 13 31	+ 0 1 ·7	12 16 4	− 0 15 ·0
γ	,,	2·9	F 0 + F 0	12 35 20	− 0 45 ·8	12 37 52	− 1 2 ·3
δ	,,	3·7	Ma	12 49 18	+ 4 4 ·6	12 51 50	+ 3 48 ·3
ε	,,	3·0	K 0	12 55 57	+11 37 ·9	12 58 27	+11 21 ·7
θ	,,	4·4	A 0	13 3 28	− 4 52 ·3	13 6 4	− 5 8 ·3
α	,,	1·2	B 2	13 18 36	−10 30 ·5	13 21 14	−10 46 ·2
ζ	,,	3·4	A 2	13 28 19	+ 0 2 ·6	13 30 52	− 0 12 ·8
τ	,,	4·3	A 2	13 55 17	+ 2 9 ·0	13 57 50	+ 1 54 ·4
κ	,,	4·3	K 0	14 6 14	− 9 41 ·4	14 8 54	− 9 55 ·5
ι	,,	4·2	F 5	14 9 28	− 5 24 ·4	14 12 5	− 5 38 ·6
Etoiles variables:							
R	Leo	6·5–10·5 5·0–9·7	Md	9 40 50	+12 0 ·6	9 43 32	+11 46 ·6
R	Vir	6·5–9·7 8·0–11·0	Md	12 32 10	+ 7 40 ·5	12 34 42	+ 7 24 ·0
S	,,	6–8–12·3	Md	13 26 29	− 6 33 ·0	13 29 5	− 6 48 ·6
Etoiles doubles:							
α	Leo	1·3–8·5	B 8	10 1 43	+12 34 ·6	10 4 23	+12 20 ·1
γ	,,	2·6–3·8	K 0	10 13 5	+20 28 ·3	10 15 51	+20 13 ·3
54	,,	4·5–6·3	A 0	10 48 51	+25 25 ·0	10 51 33	+25 9 ·0
ι	,,	4·0–7	F 5	11 17 24	+11 13 ·1	11 20 1	+10 56 ·6
12	Com	5·0–8·7	F 5	12 16 13	+26 32 ·4	12 18 44	+26 15 ·7
γ	Vir	3·7–3·7	F 0 + F 0	12 35 20	− 0 45 ·8	12 37 52	− 1 2 ·3
θ	,,	4·4–9	A 0	13 3 28	− 4 52 ·3	13 6 4	− 5 8 ·3

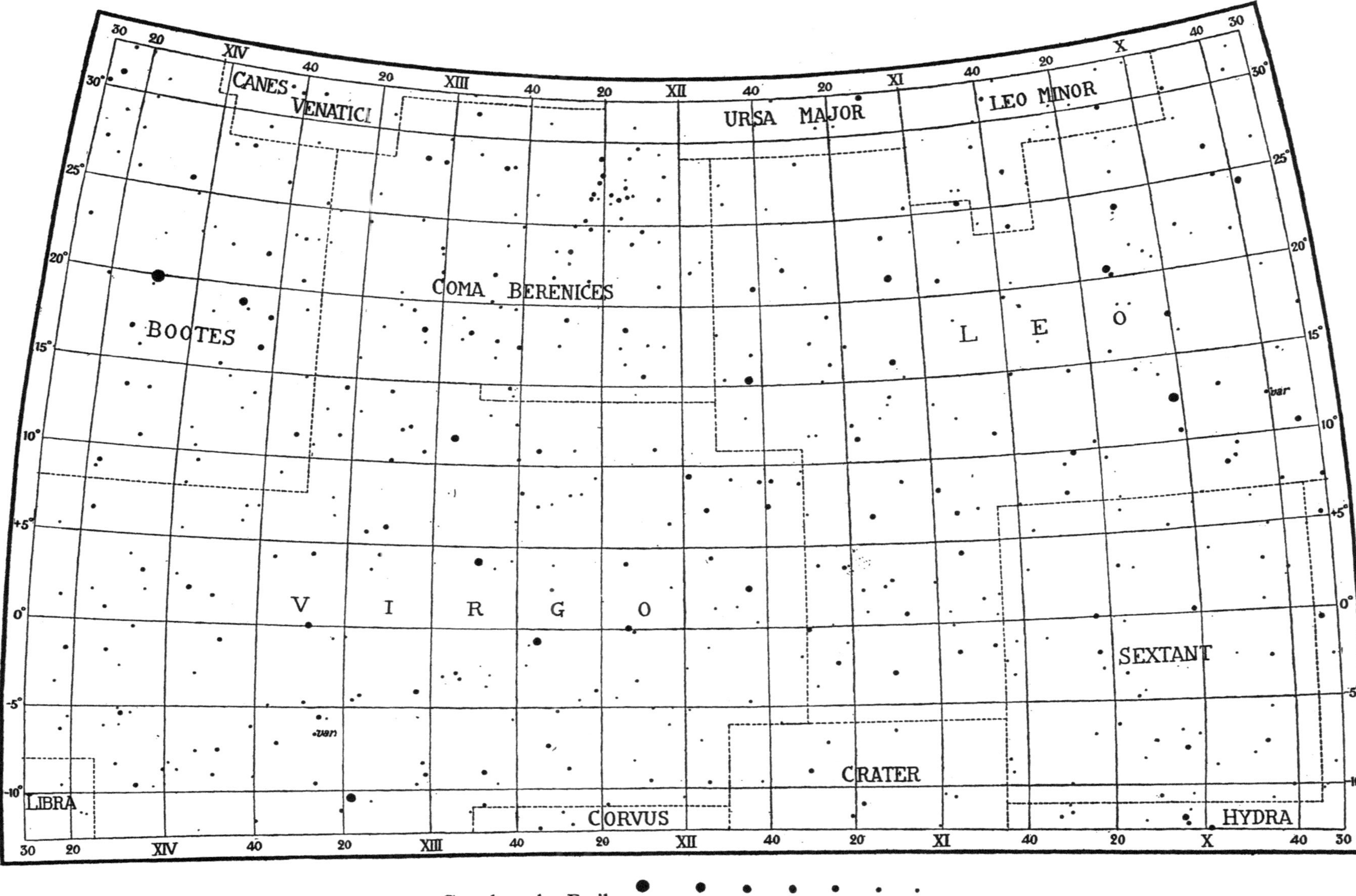
CANES
VENATICI
URSA MAJOR
LEO MINOR
BOOTES
COMA BERENICES
L E O
V I R G O
SEXTANT
LIBRA
CORVUS
CRATER
HYDRA
var
var
Grandeur des Etoiles
0 1 2 3 4 5 6

Hémisphère Nord

Limites {α: $13^{h}\ 30^{m}$ à $18^{h}\ 30^{m}$
δ: − 12° 30′ à + 32° 30′

Constellations: Bootes—Corona Borealis—Hercules—Libra—Ophiuchus—Serpens Caput—Virgo

Nom de l'étoile	Gr.	Sp.	1875		1925	
			α	δ	α	δ
Etoiles principales:						
υ Boo	4·2	K 5	$13^{h}43^{m}27^{s}$	+16°25′·1	$13^{h}45^{m}52^{s}$	+16°10′·2
η ,,	2·8	G o	13 48 44	+19 1 ·5	13 51 7	+18 46 ·4
α ,,	o·2	K o	14 9 58	+19 50 ·1	14 12 14	+19 34 ·3
ρ ,,	3·8	K o	14 26 27	+30 56 ·3	14 28 36	+30 42 ·0
π ,,	4·3	A o	14 34 51	+16 57 ·3	14 37 12	+16 44 ·5
ζ ,,	3·9	A 2	14 35 11	+14 15 ·9	14 37 34	+14 3 ·0
ε ,,	2·6	A o+ K o	14 39 42	+27 36 ·1	14 41 43	+27 23 ·4
β CrB	3·7	F op	15 22 41	+29 32 ·3	15 24 44	+29 21 ·8
θ ,,	4·2	B 5	15 27 53	+31 46 ·9	15 29 54	+31 36 ·7
α ,,	2·3	A o	15 29 24	+27 8 ·2	15 31 31	+26 58 ·0
γ ,,	3·9	A o	15 37 30	+26 41 ·6	15 39 36	+26 31 ·9
ε ,,	4·0	K o	15 52 25	+27 14 ·5	15 54 29	+27 5 ·6
γ Her	3·5	F o	16 16 24	+19 26 ·9	16 18 37	+19 19 ·7
β ,,	2·8	K o	16 24 51	+21 45 ·8	16 27 0	+21 39 ·1
ζ ,,	3·0	G o	16 36 35	+31 49 ·8	16 38 28	+31 44 ·3
ε ,,	3·9	A o	16 55 30	+31 6 ·7	16 57 25	+31 2 ·2
α ,,	3·3	Mb	17 8 57	+14 32 ·1	17 11 14	+14 28 ·5
δ ,,	3·2	A 2	17 9 54	+24 59 ·3	17 11 57	+24 55 ·6
μ ,,	3·5	G 5	17 41 34	+27 47 ·7	17 43 31	+27 45 ·8
ξ ,,	3·8	K o	17 52 54	+29 15 ·8	17 54 51	+29 15 ·3
o ,,	3·8	A o	18 2 40	+28 44 ·8	18 4 37	+28 45 ·1
109 ,,	3·9	K o	18 18 22	+21 42 ·9	18 20 30	+21 44 ·1
β Lib	2·7	B 8	15 10 16	− 8 55 ·2	15 12 58	− 9 6 ·4
δ Oph	3·0	Ma	16 7 48	− 3 22 ·3	16 10 25	− 3 30 ·1
ε Oph	3·2	K o	$16^{h}11^{m}43^{s}$	− 4°23′·2	$16^{h}14^{m}21^{s}$	− 4°30′·7
λ ,,	3·9	A o	16 24 37	+ 2 15 ·5	16 27 8	+ 2 8 ·8
ζ ,,	2·6	B o	16 30 19	−10 18 ·7	16 33 2	−10 25 ·0
ι ,,	4·3	B 8	16 48 6	+10 22 ·4	16 50 28	+10 17 ·3
κ ,,	3·4	K o	16 51 45	+ 9 34 ·3	16 54 7	+ 9 29 ·4
σ ,,	4·4	K o	17 20 19	+ 4 15 ·1	17 22 48	+ 4 12 ·3
α ,,	2·1	A 5	17 29 8	+12 39 ·2	17 31 27	+12 36 ·8
β ,,	2·9	K o	17 37 18	+ 4 37 ·3	17 39 46	+ 4 35 ·8
γ ,,	3·7	A o	17 41 38	+ 2 45 ·4	17 44 8	+ 2 44 ·1
ν ,,	3·5	K o	17 52 9	− 9 45 ·5	17 54 54	− 9 45 ·9
67 ,,	3·9	B 5p	17 54 23	+ 2 56 ·4	17 56 53	+ 2 56 ·0
70 ,,	4·1	K o	17 59 8	+ 2 31 ·2	18 1 40	+ 2 31 ·2
72 ,,	3·7	A 3	18 1 25	+ 9 32 ·9	18 3 48	+ 9 33 ·1
δ Ser	3·0	F o	15 28 50	+10 57 ·5	15 31 3	+10 47 ·3
α ,,	2·8	K o	15 38 7	+ 6 49 ·2	15 40 34	+ 6 39 ·6
β ,,	3·7	A 2	15 40 25	+15 48 ·9	15 42 44	+15 39 ·3
κ ,,	4·3	K 5	15 43 7	+18 31 ·7	15 45 22	+18 22 ·3
μ ,,	3·3	A o	15 43 7	− 3 2 ·8	15 45 42	− 3 12 ·1
ε ,,	3·5	A 2	15 44 35	+ 4 51 ·3	15 47 5	+ 4 42 ·1
γ ,,	3·9	F 5	15 50 41	+16 4 ·3	15 52 59	+15 54 ·3
τ Vir	4·3	A 2	13 55 17	+ 2 9 ·0	13 57 50	+ 1 54 ·4
κ ,,	4·3	K o	14 6 14	− 9 41 ·4	14 8 54	− 9 55 ·5
ι ,,	4·2	F 5	14 9 28	− 5 24 ·4	14 12 5	− 5 38 ·6
μ ,,	4·0	F 5	14 36 29	− 5 7 ·0	14 39 6	− 5 20 ·0
109 ,,	3·8	A o	14 39 56	+ 2 25 ·3	14 42 27	+ 2 12 ·5

Nom de l'étoile	Gr.	Sp.	1875		1925	
			α	δ	α	δ
Etoiles variables:						
R Boo	6·0–11·5 8·0–13·0	Md	$14^{h}31^{m}41^{s}$	+27°16′·7	$14^{h}33^{m}53^{s}$	+27° 3′·7
δ Lib	5·1–6·3	A o	14 54 18	− 8 1 ·3	14 56 58	− 8 13 ·3
S CrB	7–11 8–13	Md	15 16 18	+31 49 ·1	15 18 20	+31 38 ·1
R ,,	5·8–11 6·0–15	G op	15 43 25	+28 32 ·6	15 45 29	+28 23 ·0
T ,,	2·0–9·5	Pec	15 54 16	+26 16 ·4	15 56 22	+26 7 ·9
S Her	6–11 7·5–13	Md	16 46 13	+15 9 ·1	16 48 29	+15 4 ·1
U Oph	5·7–6·3	B 8	17 10 11	+ 1 20 ·6	17 12 43	+ 1 18 ·0
Y ,,	6·0–6·7	G op	17 45 52	− 6 6 ·6	17 48 42	− 6 7 ·6
Etoiles doubles:						
π Boo	4·3–5·6	A o	14 34 51	+16 57 ·3	14 37 12	+16 44 ·5
ζ ,,	4·4–4·8	A 2	14 35 11	+14 15 ·9	14 37 34	+14 3 ·0
ε ,,	2·7–5·1	A o+K o	14 39 42	+27 36 ·1	14 41 43	+27 23 ·4
ξ ,,	4·7–6·6	G 5	14 45 37	+19 37 ·2	14 47 55	+19 24 ·7
η CrB	5·6–6·8	G o	15 18 2	+30 44 ·4	15 20 6	+30 33 ·5
δ Ser	3·0–4·0	F o	15 28 50	+10 57 ·5	15 31 3	+10 47 ·3
κ Her	5·3–6·5	G 5	16 2 26	+17 22 ·9	16 4 41	+17 14 ·7
α ,,	3·3–5·5	Mb	17 8 57	+14 32 ·1	17 11 14	+14 28 ·5

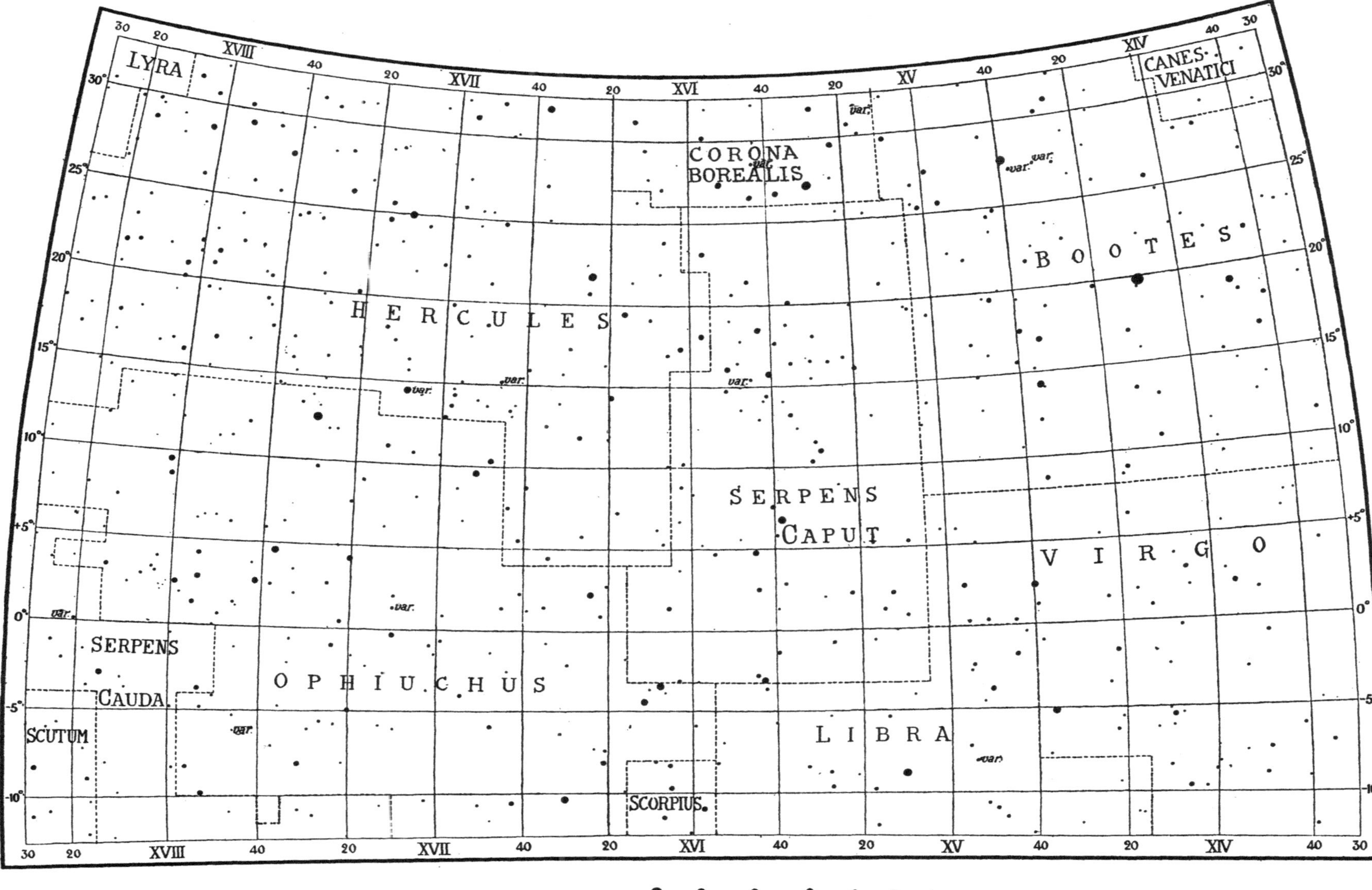
LYRA
CANES-VENATICI
CORONA BOREALIS
BOOTES
HERCULES
SERPENS CAPUT
VIRGO
SERPENS CAUDA
OPHIUCHUS
SCUTUM
LIBRA
SCORPIUS
var.
XVIII
XVII
XVI
XV
XIV
30°
25°
20°
15°
10°
+5°
0°
-5°
-10°
Grandeur des Etoiles
0 1 2 3 4 5 6

Hémisphère Nord

Limites $\begin{cases} \alpha: 17^h\ 30^m \text{ à } 22^h\ 30^m \\ \delta: -12°\ 30' \text{ à } +32°\ 30' \end{cases}$

Constellations: Aquarius—Aquila—Cygnus—Delphinus—Equuleus—Hercules—Lyra—Ophiuchus—Pegasus—Sagitta—Serpens Cauda—Vulpecula

Nom de l'étoile	Gr.	Sp.	1875		1925	
			α	δ	α	δ
Etoiles principales:						
ε Aqr	3·6	A o	$20^h40^m55^s$	− 9°57′·1	$20^h43^m37^s$	− 9°46′·3
β ,,	3·1	G o	21 25 0	− 6 7 ·2	21 27 37	− 5 54 ·1
α ,,	3·2	G o	21 59 22	− 0 55 ·6	22 1 56	− 0 41 ·1
θ ,,	4·3	K o	22 10 13	− 8 24 ·3	22 12 57	− 8 9 ·5
γ ,,	4·0	A o	22 15 10	− 2 3 ·0	22 17 47	− 1 45 ·9
ζ ,,	3·8	F 2	22 22 24	− 0 39 ·5	22 24 58	− 0 24 ·3
η ,,	4·1	B 8	22 28 56	− 0 45 ·7	22 31 30	− 0 30 ·3
ε Aql	4·0	K o	18 53 57	+14 54 ·0	18 56 13	+14 57 ·9
λ ,,	3·6	B 9	18 59 38	− 5 4 ·2	19 2 16	− 4 59 ·8
ζ ,,	3·0	A o	18 59 40	+13 40 ·8	19 1 58	+13 45 ·5
δ ,,	3·4	F o	19 19 12	+ 2 52 ·0	19 21 43	+ 2 57 ·9
γ ,,	2·8	K 2	19 40 19	+10 18 ·6	19 42 42	+10 25 ·8
α ,,	0·9	A 5	19 44 41	+ 8 32 ·4	19 47 7	+ 8 40 ·1
η ,,	var.	G op	19 46 6	+ 0 41 ·2	19 48 39	+ 0 48 ·7
β ,,	3·9	K o	19 49 10	+ 6 5 ·8	19 51 38	+ 6 13 ·1
θ ,,	3·4	A o	20 4 51	− 1 11 ·5	20 7 26	− 1 2 ·7
β Cyg	3·2	K o + A o	19 25 41	+27 41 ·9	19 27 42	+27 48 ·1
41 ,,	4·1	F 5p	20 24 17	+29 57 ·2	20 26 20	+30 7 ·1
52 ,,	4·4	K o	20 40 30	+30 15 ·9	20 42 34	+30 25 ·9
ζ ,,	3·4	K o	21 7 37	+29 42 ·9	21 9 45	+29 55 ·1
μ ,,	4·5	F 5	21 38 33	+28 10 ·7	21 40 46	+28 24 ·5
ε Del	3·9	B 5	20 27 14	+10 52 ·8	20 29 38	+11 2 ·8
β ,,	3·7	F 5	20 31 41	+14 9 ·7	20 34 2	+14 20 ·0
α ,,	3·9	B 8	20 33 50	+15 28 ·3	20 36 9	+15 38 ·8
δ ,,	4·2	A 5	20 37 37	+14 37 ·6	20 39 57	+14 48 ·3
γ ,,	4·4	G 5	20 40 51	+15 40 ·5	20 43 11	+15 51 ·2
γ Equ	4·0	F op	21 4 16	+ 9 37 ·7	21 6 42	+ 9 50 ·0
α Equ	4·1	F 8 + A 3	$21^h\ 9^m35^s$	+ 4°43′·9	$21^h12^m\ 5^s$	+ 4°56′·2
μ Her	3·5	G 5	17 41 34	+27 47 ·7	17 43 31	+27 45 ·8
ξ ,,	3·8	K o	17 52 54	+29 15 ·8	17 54 51	+29 15 ·3
o ,,	3·8	A o	18 2 40	+28 44 ·8	18 4 37	+28 45 ·1
109 ,,	3·9	K o	18 18 22	+21 42 ·9	18 20 30	+21 44 ·1
110 ,,	4·3	F 5	18 40 17	+20 25 ·7	18 42 26	+20 28 ·4
β Oph	2·9	K o	17 37 18	+ 4 37 ·3	17 39 46	+ 4 35 ·8
γ ,,	3·7	A o	17 41 38	+ 2 45 ·4	17 44 8	+ 2 44 ·1
ν ,,	3·5	K o	17 52 9	− 9 45 ·5	17 54 54	− 9 45 ·9
67 ,,	3·9	B 5p	17 54 23	+ 2 56 ·4	17 56 53	+ 2 56 ·0
70 ,,	4·1	K o	17 59 8	+ 2 31 ·2	18 1 40	+ 2 31 ·2
72 ,,	3·7	A 3	18 1 25	+ 9 32 ·9	18 3 48	+ 9 33 ·1
1 Peg	4·2	K o	21 16 18	+19 16 ·2	21 18 37	+19 29 ·0
ε ,,	2·5	K o	21 38 3	+ 9 18 ·2	21 40 30	+ 9 31 ·8
9 ,,	4·0	G 5	21 38 36	+16 46 ·7	21 40 58	+17 0 ·5
κ ,,	4·3	F 5	21 38 59	+25 4 ·3	21 41 15	+25 18 ·0
ι ,,	3·9	F 5	22 1 12	+24 44 ·1	22 3 31	+24 58 ·7
θ ,,	3·7	A 2	22 3 54	+ 5 35 ·0	22 6 25	+ 5 49 ·7
α Sge	4·3	G o	19 34 31	+17 43 ·7	19 36 44	+17 50 ·6
β ,,	4·5	K o	19 35 26	+17 11 ·3	19 37 41	+17 18 ·3
δ ,,	3·8	Ma + A o	19 41 49	+18 13 ·6	19 44 3	+18 20 ·9
γ ,,	3·6	K 5	19 53 12	+19 9 ·2	19 55 25	+19 17 ·2
η Ser	3·4	K o	18 14 50	− 2 56 ·1	18 17 26	− 2 55 ·2
θ ,,	4·5	A 5 + A 5	18 50 0	+ 4 2 ·6	18 52 29	+ 4 6 ·3
α Vul	4·5	Ma	19 23 30	+24 24 ·8	19 25 35	+24 30 ·7

Nom de l'étoile		Gr.	Sp.	1875		1925	
				α	δ	α	δ
Etoiles variables:							
Y	Oph	6·0–6·7	G op	$17^h45^m52^s$	− 6° 6′·6	$17^h48^m42^s$	− 6° 7′·6
d	Ser	5·0–5·7	A o + G	18 20 49	+ 0 7 ·4	18 23 23	+ 0 9 ·0
R	Aql	6–10 7–11	Md	19 0 21	+ 8 2 ·5	19 2 45	+ 8 6 ·9
U	,,	6·2–6·9	F 8p	19 22 37	− 7 18 ·0	19 25 19	− 7 12 ·0
SU	Cyg	6·7–7·3	F 2p	19 39 48	+28 57 ·9	19 41 48	+29 4 ·9
η	Aql	3·8–4·5	G op	19 46 6	+ 0 41 ·2	19 48 39	+ 0 48 ·7
S	Sge	5·4–6·1	G op	19 50 21	+16 18 ·2	19 52 37	+16 26 ·2
U	Del	6·4–7·5	Mb	20 39 44	+17 38 ·1	20 42 2	+17 49 ·1
T	Vul	5·2–6·4	F 8p	20 46 9	+27 47 ·0	20 48 16	+27 58 ·3
Etoiles doubles:							
h	Aql	6·0–7·5	K o	18 58 22	− 4 13 ·0	19 1 0	− 4 8 ·7
β	Cyg	3·2–5·5	K o + A o	19 25 41	+27 41 ·9	19 27 42	+27 48 ·1
π	Aql	5·8–6·4	F 2 + A 2	19 42 49	+11 30 ·4	19 45 10	+11 37 ·6
γ	Del	4·4–5·5	G 5	20 40 51	+15 40 ·5	20 43 11	+15 51 ·2
ε	Peg	2·5–9	K o	21 38 3	+ 9 18 ·2	21 40 30	+ 9 31 ·8
μ	Cyg	4·0–5·0	F 5	21 38 33	+28 10 ·7	21 40 46	+28 24 ·5
ζ	Aqr	4·4–4·6	F 2	22 22 24	− 0 39 ·5	22 24 58	− 0 24 ·3
Nébuleuses et amas:							
M 11	Aql			18 44	− 6 25	18 47	− 6 29
M 27	Vul			19 54	+22 23	19 56	+22 31
M 2	Aqr			21 27	− 1 23	21 30	− 1 9

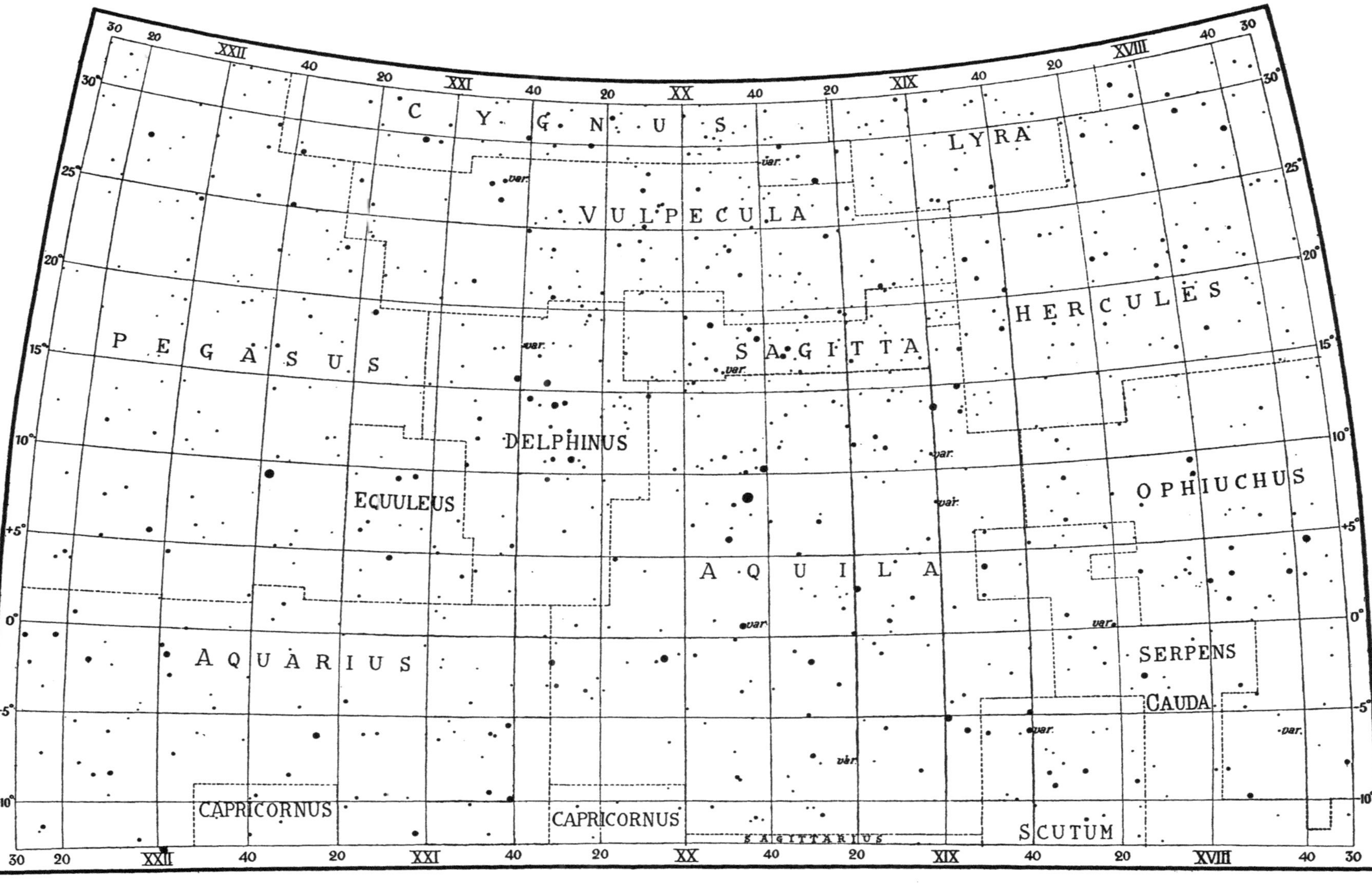

CYGNUS
LYRA
VULPECULA
HERCULES
PEGASUS
SAGITTA
DELPHINUS
EQUULEUS
OPHIUCHUS
AQUILA
AQUARIUS
SERPENS
CAUDA
CAPRICORNUS
CAPRICORNUS
SAGITTARIUS
SCUTUM
var.
XXII
XXI
XX
XIX
XVIII
30°
25°
20°
15°
10°
+5°
0°
-5°
-10°
Grandeur des Etoiles
0 1 2 3 4 5 6

Hémisphère Sud.

Calotte australe

Limite en δ: – 67° 30′ à – 90°

Constellations: Apus—Carina—Chamaeleon—Hydrus—Indus—Mensa—Musca—Octans—Pavo—Tucana—Volans

Nom de l'étoile		Gr.	Sp.	1875		1925	
				α	δ	α	δ
Etoiles principales:							
α	Aps	3·7	K 5	$14^h32^m26^s$	−78°30′·6	$14^h38^m27^s$	−78°43′·5
γ	,,	3·8	K o	16 14 21	−78 36 ·6	16 21 52	−78 43 ·5
β	,,	4·2	K o	16 25 17	−77 15 ·0	16 32 24	−77 21 ·4
β	Car	1·8	A o	9 11 49	−69 12 ·1	9 12 23	−69 24 ·5
ω	,,	3·4	B 8	10 10 46	−69 25 ·1	10 11 58	−69 39 ·9
I	,,	4·1	F 5	10 21 55	−73 23 ·7	10 22 55	−73 39 ·0
α	Cha	4·2	F 5	8 21 43	−76 31 ·4	8 20 17	−76 41 ·2
θ	,,	4·2	K o	8 24 21	−77 4 ·8	8 22 55	−77 14 ·6
γ	,,	4·4	Ma	10 33 58	−77 57 ·6	10 34 36	−78 13 ·1
β	Hyi	2·9	G o	0 19 9	−77 57 ·5	0 21 50	−77 40 ·6
δ	,,	4·3	A 2	2 19 32	−69 13 ·7	2 20 25	−69 0 ·0
ε	,,	4·0	B 9	2 37 40	−68 48 ·2	2 38 26	−68 35 ·3
γ	,,	3·2	Ma	3 49 12	−74 37 ·3	3 48 23	−74 28 ·1
γ	Mus	3·9	B 5	12 25 2	−71 26 ·5	12 27 58	−71 43 ·1
α	,,	2·8	B 3	12 29 45	−68 26 ·7	12 32 42	−68 43 ·4
δ	,,	3·6	K 2	12 53 42	−70 52 ·4	12 57 5	−71 8 ·7
ν	Oct	3·7	K o	21 27 29	−77 55 ·5	21 33 12	−77 43 ·5
β	,,	4·3	F o	22 33 9	−82 2 ·1	22 38 29	−81 46 ·5
ζ	Pav	4·1	K o	18 28 25	−71 31 ·8	18 34 17	−71 29 ·7
ε	,,	3·8	A o	19 46 6	−73 14 ·2	19 51 57	−73 6 ·6
γ	Vol	3·8	G o+K o	7 9 47	−70 17 ·7	7 9 21	−70 22 ·6
δ	,,	4·0	F 5	7 16 53	−67 43 ·7	7 16 53	−67 49 ·2
ζ	,,	3·9	K o	7 43 21	−72 18 ·3	7 42 45	−72 25 ·6
ε	,,	4·5	B 5	8 7 33	−68 15 ·0	8 7 32	−68 20 ·5
Etoiles variables:							
η^1	Hyi	6·6–7·4	A o	1 49 25	−68 33 ·6	1 50 41	−68 18 ·8
R	Mus	6·5–7·6	G 5	12 34 28	−68 43 ·3	12 37 28	−68 59 ·8
θ	Aps	5·1–6·6	Mb	13 53 13	−76 11 ·5	13 57 58	−76 26 ·1
Etoiles doubles:							
γ	Vol	4·5–7	G o+K o	7 9 47	−70 17 ·7	7 9 23	−70 22 ·7
λ	Oct	5·4–8·5	G o+A 3	21 31 30	−83 17 ·4	21 41 35	−83 2 ·3
Nébuleuses et amas:							
ξ =47	Tuc			0 18	−72 47	0 21	−72 30

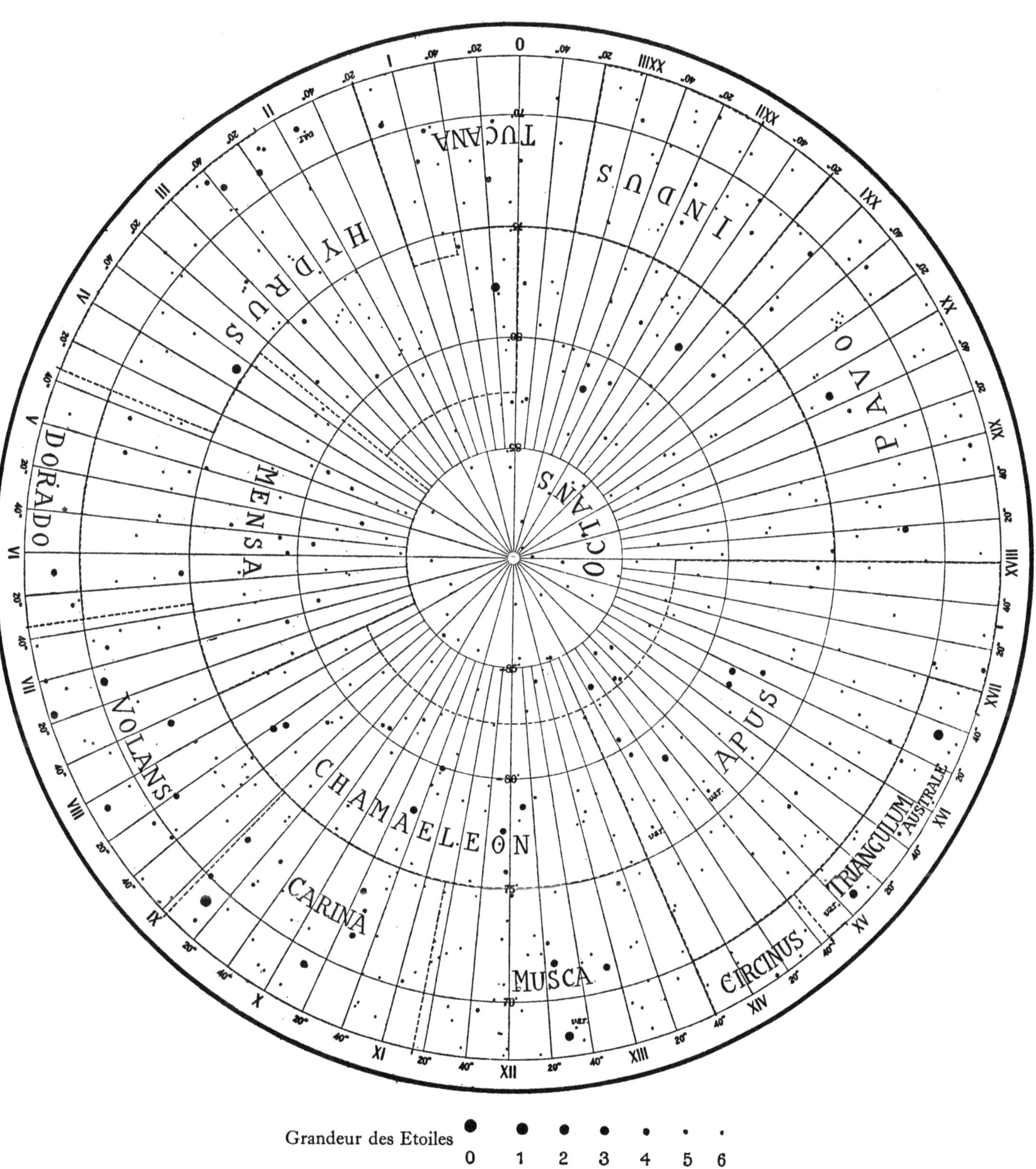
TUCANA
INDUS
HYDRUS
PAVO
OCTANS
MENSA
DORADO
VOLANS
CHAMAELEON
APUS
CARINA
MUSCA
CIRCINUS
TRIANGULUM AUSTRALE
Grandeur des Etoiles
0 1 2 3 4 5 6

Hémisphère Sud

Limites $\begin{cases} \alpha: 21^h\ 30^m \text{ à } 2^h\ 30^m \\ \delta: -72^\circ\ 30' \text{ à } -27^\circ\ 30' \end{cases}$

Constellations: Eridanus—Fornax—Grus—Hydrus—Indus—Phoenix—Piscis Austrinus—Sculptor—Tucana

Nom de l'étoile		Gr.	Sp.	1875		1925	
				α	δ	α	δ
Etoiles principales:							
α	Eri	0·6	B 5	$1^h33^m\ 3^s$	$-57^\circ52'{\cdot}3$	$1^h34^m55^s$	$-57^\circ37'{\cdot}1$
χ	,,	3·6	G 5	1 51 6	−52 13 ·9	1 53 2	−51 58 ·9
ϕ	,,	3·5	B 8	2 12 2	−52 5 ·5	2 13 50	−51 51 ·5
κ	,,	4·4	B 5	2 22 24	−48 16 ·9	2 24 14	−48 2 ·4
γ	Gru	3·2	B 8	21 46 21	−37 57 ·1	21 49 24	−37 43 ·1
α	,,	3·2	B 5	22 0 21	−47 33 ·9	22 3 31	−47 19 ·5
δ^1	,,	4·0	G 5	22 21 48	−44 8 ·0	22 24 48	−43 52 ·8
δ^2	,,	4·4	Mb	22 22 17	−44 23 ·0	22 25 17	−44 8 ·0
β	,,	2·2	Mb	22 35 12	−47 32 ·2	22 38 12	−47 16 ·7
ϵ	,,	3·5	A 2	22 41 0	−51 58 ·4	22 44 2	−51 42 ·7
ζ	,,	4·0	G 5	22 53 29	−53 25 ·4	22 56 28	−53 9 ·4
θ	,,	4·2	F 5	22 59 50	−44 11 ·7	23 2 40	−43 55 ·6
ι	,,	4·1	K 0	23 3 17	−45 55 ·4	23 6 7	−45 39 ·2
α	Hyi	3·0	F 0	1 54 50	−62 10 ·7	1 56 24	−61 56 ·1
δ	,,	4·3	A 2	2 19 32	−69 13 ·7	2 20 25	−69 0 ·0
ϵ	,,	4·2	B 9	2 37 40	−68 48 ·2	2 38 26	−68 35 ·3
ι	Phe	4·5	A 2p	23 28 21	−43 18 ·3	23 31 3	−43 1 ·8
θ	,,	4·5	A 2	23 31 7	−46 11 ·0	23 33 49	−45 54 ·5
ϵ	,,	3·9	K 0	0 3 4	−46 26 ·2	0 5 37	−46 9 ·7
κ	,,	3·9	A 3	0 20 3	−44 22 ·4	0 22 35	−44 6 ·0
α	,,	2·4	K 0	0 20 6	−42 59 ·1	0 22 35	−42 42 ·8
η	,,	4·3	A 0	0 37 44	−58 8 ·9	0 39 59	−57 52 ·5
β	,,	3·2	K 0	1 0 30	−47 23 ·3	1 2 44	−47 7 ·2
ζ	,,	4·2	B 8	1 3 8	−55 54 ·9	1 5 23	−55 38 ·5
γ	,,	3·4	K 5	1 22 56	−43 57 ·5	1 25 7	−43 42 ·1
δ	,,	4·0	K 0	1 26 3	−49 43 ·4	1 28 8	−49 27 ·8
ι	PsA	4·4	A 0	21 37 30	−33 35 ·7	21 40 29	−33 22 ·1
β	,,	4·4	A 0	22 24 24	−32 59 ·2	22 27 4	−32 44 ·1
ϵ	,,	4·2	B 8	22 33 44	−27 41 ·8	22 36 31	−27 26 ·1
δ	,,	4·4	K 0	22 49 1	−33 12 ·4	22 51 31	−32 57 ·6
α	,,	1·3	A 3	22 50 44	−30 17 ·0	22 53 31	−30 1 ·2
γ	Scl	4·5	K 0	23 12 4	−33 12 ·8	23 14 47	−32 56 ·5
α	,,	4·4	B 5	0 52 35	−30 2 ·0	0 55 0	−29 45 ·8
α	Tuc	2·8	K 2	22 9 55	−60 52 ·9	22 13 23	−60 38 ·1
γ	,,	3·9	F 2	23 10 7	−58 55 ·2	23 13 4	−58 38 ·8
ϵ	,,	4·5	B 9	23 53 24	−66 16 ·3	23 56 2	−65 59 ·7
ζ	,,	4·2	F 8	0 13 32	−65 36 ·6	0 16 10	−65 18 ·9
β	,,	4·5	B 9+A 2	0 25 49	−63 39 ·1	0 28 6	−63 22 ·3
Etoiles variables:							
R	Scl	6·2–8·8	Nb	1 21 13	−33 11 ·5	1 23 31	−32 55 ·9
η^1	Hyi	6·6–7·4	A 0	1 49 25	−68 33 ·6	1 50 41	−68 18 ·8

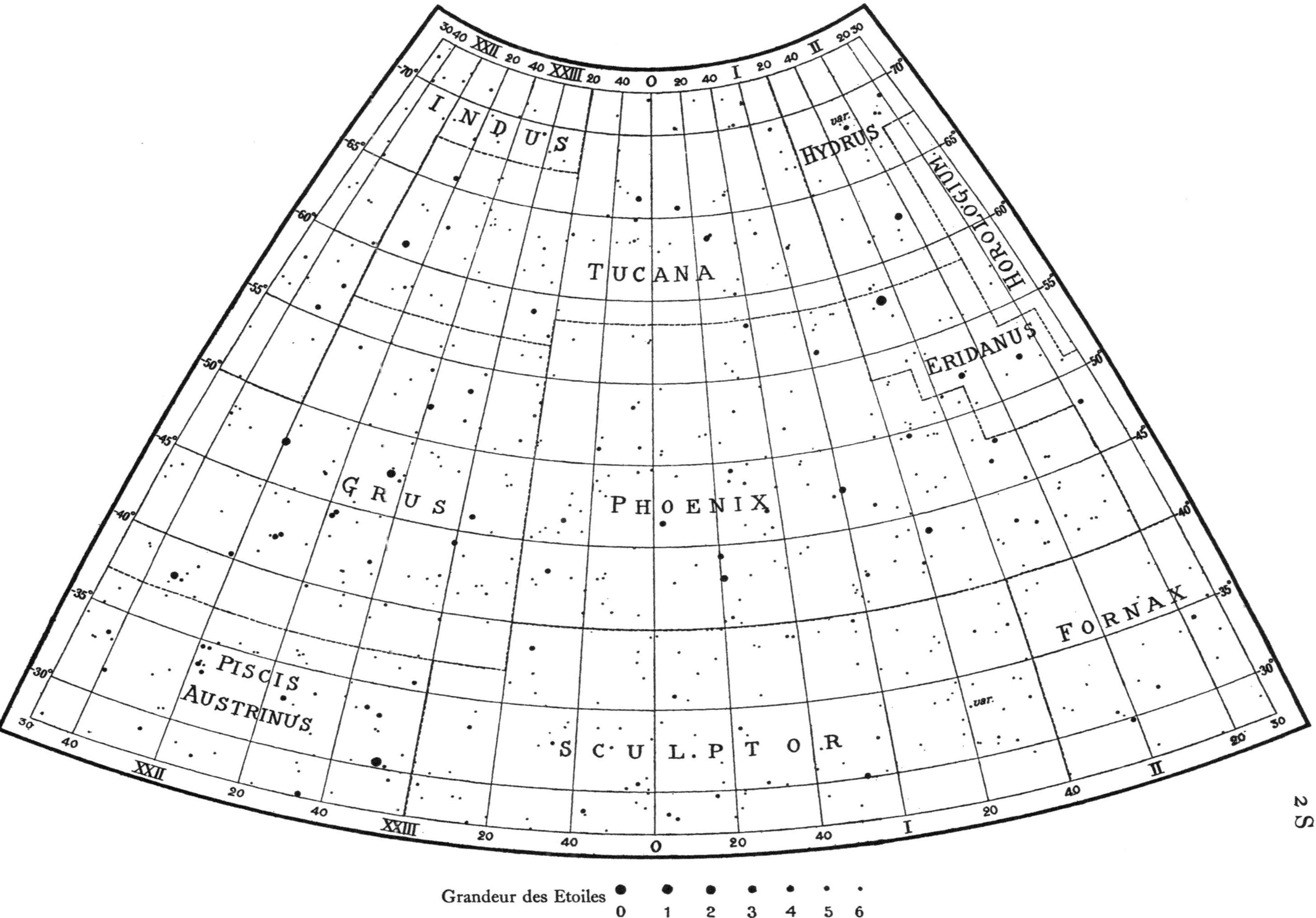
INDUS
HYDRUS
HOROLOGIUM
TUCANA
ERIDANUS
GRUS
PHOENIX
FORNAX
PISCIS AUSTRINUS
SCULPTOR
Grandeur des Etoiles
0 1 2 3 4 5 6

Hémisphère Sud

Limites $\begin{cases} \alpha: 1^h\ 30^m \text{ à } 6^h\ 30^m \\ \delta: -72°\ 30' \text{ à } -27°\ 30' \end{cases}$

Constellations: Caelum—Columba—Dorado—Eridanus—Fornax—Horologium—Hydrus—Pictor—Reticulum

Nom de l'étoile		Gr.	Sp.	1875 α	1875 δ	1925 α	1925 δ
Etoiles principales:							
ε	Col	3·9	K0	$5^h26^m46^s$	−35°33′·8	$5^h28^m33^s$	−35°31′·6
α	”	2·8	B5p	5 35 7	−34 8·5	5 36 56	−34 6·8
β	”	3·2	K0	5 46 33	−35 49·0	5 48 19	−35 47·7
γ	”	4·4	B3	5 53 6	−35 17·9	5 54 53	−35 17·4
η	”	4·0	K0	5 55 19	−42 49·4	5 56 51	−42 49·1
δ	”	3·9	G5	6 17 33	−33 22·5	6 19 23	−33 22·8
γ	Dor	4·2	F5	4 12 45	−51 48·2	4 14 4	−51 40·5
α	”	3·2	A0p	4 31 18	−55 18·3	4 32 23	−55 12·0
β	”	3·7	F5p	5 32 33	−62 34·3	5 32 58	−62 32·3
δ	”	4·5	A5	5 44 33	−65 46·9	5 44 38	−65 45·8
α	Eri	0·6	B5	1 33 3	−57 52·3	1 34 55	−57 37·1
χ	”	3·6	G5	1 51 6	−52 13·9	1 53 2	−51 58·9
φ	”	3·5	B8	2 12 2	−52 5·5	2 13 50	−51 51·5
κ	”	4·4	B5	2 22 24	−48 16·9	2 24 14	−48 2·4
ι	”	4·1	K0	2 35 44	−40 23·5	2 37 42	−40 10·8
θ	”	2·9	A2	2 53 31	−40 48·4	2 55 25	−40 36·3
e	”	4·3	G5	3 14 56	−43 32·9	3 16 56	−43 21·3
f	”	4·3	A0+B8	3 43 59	−38 0·2	3 45 55	−37 48·9
g	”	4·2	K0	3 44 47	−36 34·8	3 46 39	−36 25·6
υ^4	”	3·6	B9	4 13 10	−34 6·3	4 15 3	−33 58·8
d	”	4·1	K5	4 19 20	−34 18·5	4 21 13	−34 11·4
υ^2	”	3·9	K0	4 30 42	−30 49·2	4 32 38	−30 42·9
β	For	4·5	K0	2 43 52	−32 56·0	2 45 57	−32 43·2
α	”	4·0	F8	3 6 45	−29 28·9	3 8 53	−29 16·9
α	Hor	3·7	K0	4 9 52	−42 36·2	4 11 31	−42 28·7
α	Hyi	3·0	F0	1 54 50	−62 10·7	1 56 24	−61 56·1
δ	”	4·3	A2	2 19 32	−69 13·7	2 20 25	−69 0·0
ε	”	4·0	B9	2 37 40	−68 48·2	2 38 26	−68 35·3
β	Pic	3·9	A3	5 44 20	−51 6·8	5 45 14	−51 6·0
β	Ret	3·8	K0	3 42 38	−65 12·0	3 43 15	−65 2·6
α	”	3·2	G5	4 12 49	−62 47·2	4 13 27	−62 39·7
Etoiles variables:							
η^1	Hyi	6·6–7·4	A0	1 49 25	−68 33·6	1 50 41	−68 18·8
R	Dor	4·8–5·8–6·9	Mc	4 35 19	−62 19·4	4 35 54	−62 13·4
Nébuleuses et amas:							
M 30	Dor			5 40	−69 10	5 40	−69 12

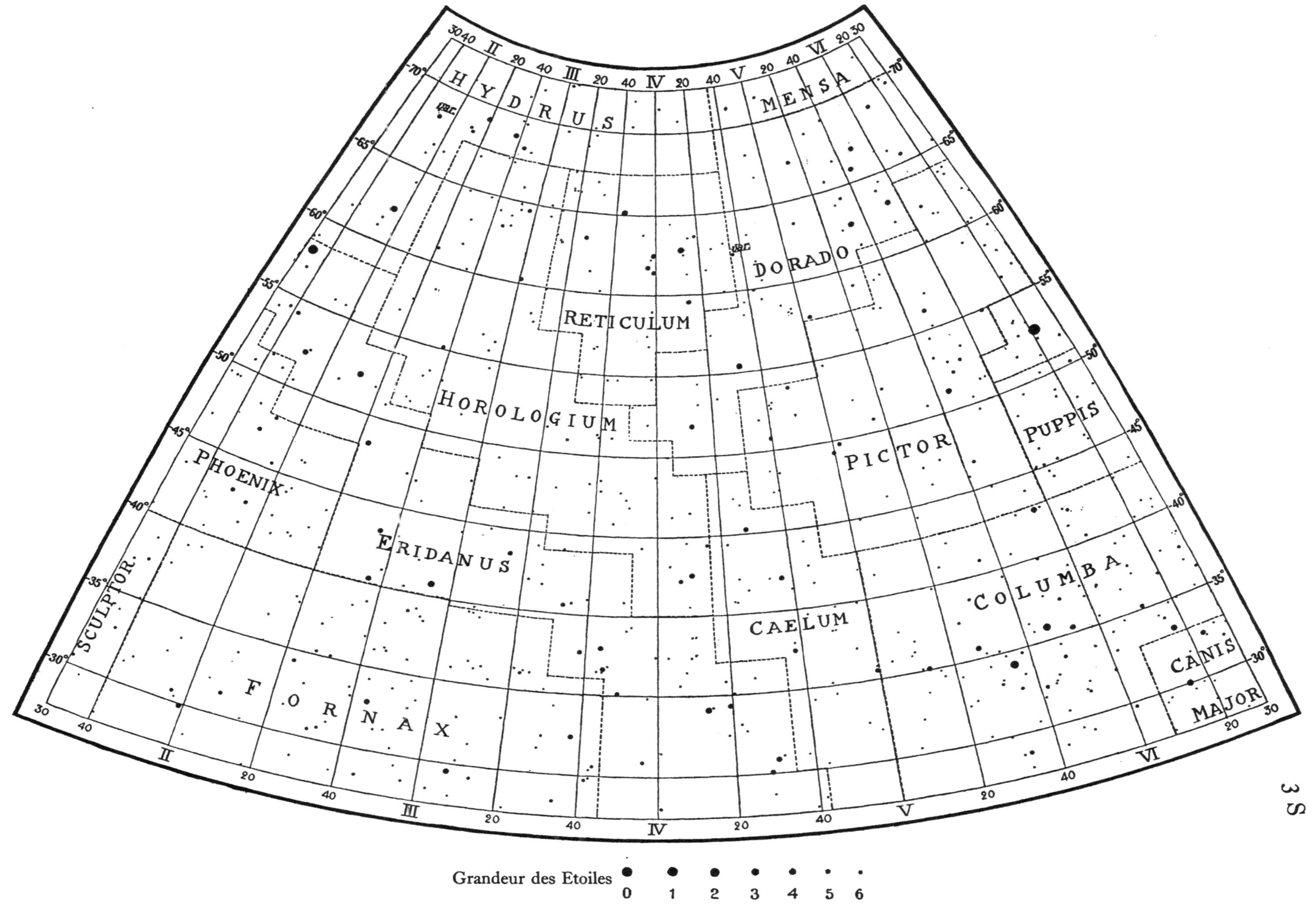
HYDRUS
MENSA
DORADO
RETICULUM
HOROLOGIUM
PICTOR
PUPPIS
PHOENIX
ERIDANUS
COLUMBA
SCULPTOR
CAELUM
CANIS MAJOR
FORNAX
II
III
IV
V
VI
Grandeur des Etoiles
0 1 2 3 4 5 6

Hémisphère Sud

Limites $\begin{cases} \alpha: 5^h\,30^m \text{ à } 10^h\,30^m \\ \delta: -72°\,30' \text{ à } -27°\,30' \end{cases}$

Constellations: Antlia—Canis Major—Carina—Columba—Dorado—Pictor—Puppis—Pyxis—Vela—Volans

Nom de l'étoile		Gr.	Sp.	1875 α	1875 δ	1925 α	1925 δ
Etoiles principales:							
α	Ant	4·2	K 5	$10^h21^m26^s$	−30°25′·9	$10^h23^m43^s$	−30°41′·1
ζ	CMa	2·9	B 3	6 15 31	−30 0 ·6	6 17 26	−30 1 ·7
ε	,,	1·5	B 1	6 53 43	−28 48 ·2	6 55 41	−28 52 ·1
σ	,,	3·7	K 5	6 56 44	−27 45 ·4	6 58 44	−27 49 ·6
η	,,	2·4	B 5p	7 19 9	−29 3 ·6	7 21 8	−29 9 ·3
α	Car	−0·9	F 0	6 21 11	−52 37 ·6	6 22 17	−52 39 ·3
χ	,,	3·6	B 3	7 53 36	−52 38 ·9	7 54 52	−52 46 ·8
ε	,,	1·7	K 0+B	8 19 57	−59 6 ·5	8 20 59	−59 16 ·1
c	,,	4·0	B 8	8 52 13	−60 10 ·1	8 53 21	−60 21 ·4
a	,,	3·6	B 3	9 7 41	−58 27 ·3	9 9 0	−58 39 ·6
i	,,	4·3	B 3	9 8 26	−61 48 ·3	9 9 34	−62 0 ·4
β	,,	1·8	A 0	9 11 49	−69 12 ·1	9 12 23	−69 24 ·5
ι	,,	2·3	F 0	9 13 45	−58 45 ·1	9 15 5	−58 57 ·6
l	,,	var.	G 0	9 41 49	−61 55 ·9	9 43 11	−62 9 ·7
υ	,,	3·1	F 0	9 43 59	−64 29 ·5	9 45 14	−64 43 ·4
ω	,,	3·4	B 8	10 10 46	−69 25 ·1	10 11 58	−69 39 ·9
q	,,	3·4	K 5	10 12 55	−60 42 ·5	10 14 35	−60 57 ·4
p	,,	3·5	B 5p	10 27 35	−61 2 ·6	10 29 21	−61 17 ·9
α	Col	2·8	B 5p	5 35 7	−34 8 ·5	5 36 56	−34 6 ·8
β	,,	2·9	K 0	5 46 33	−35 49 ·0	5 48 19	−35 47 ·7
γ	,,	4·4	B 3	5 53 6	−35 17 ·9	5 54 53	−35 17 ·4
η	,,	4·0	K 0	5 55 19	−42 49 ·4	5 56 51	−42 49 ·1
δ	,,	3·9	G 5	6 17 33	−33 22 ·5	6 19 23	−33 22 ·8
β	Dor	3·7	F 5p	5 32 33	−62 34 ·3	5 32 58	−62 32 ·3
δ	,,	4·5	A 5	5 44 33	−65 46 ·9	5 44 38	−65 45 ·8
β	Pic	3·9	A 3	5 44 20	−51 6 ·8	5 45 14	−51 6 ·1
α	,,	3·3	A 5	6 46 55	−61 48 ·5	6 47 25	−61 51 ·6
ν	Pup	3·2	B 8	6 33 56	−43 5 ·2	6 35 28	−43 7 ·8
τ	,,	2·9	K 0	6 46 50	−50 28 ·0	6 48 5	−50 31 ·5
π	,,	2·7	K 5	7 12 44	−36 52 ·5	7 14 30	−36 57 ·7
σ	,,	3·3	K 5	7 25 16	−43 3 ·0	7 26 51	−43 8 ·9
l	,,	4·1	A 2p	7 38 47	−28 39 ·4	7 40 48	−28 46 ·6
P	,,	4·2	B 0	7 45 26	−46 3 ·5	7 46 57	−46 12 ·4
a	,,	3·8	G 5	7 47 55	−40 15 ·3	7 49 38	−40 22 ·9
J	,,	4·3	B 1	7 49 38	−47 46 ·7	7 51 6	−47 56 ·5
ζ	,,	2·2	O 6e	7 59 12	−39 39 ·1	8 0 57	−39 47 ·5
β	Pyx	4·4	G 5	8 13 13	−34 51 ·9	8 15 13	−35 2 ·6
α	,,	3·7	B 2	8 38 34	−32 44 ·2	8 40 35	−32 54 ·9
γ	Vel	2·2	Oap	8 5 41	−46 58 ·1	8 7 13	−47 6 ·9
o	,,	4·0	B 3	8 36 43	−52 28 ·7	8 38 5	−52 39 ·6
d	,,	4·4	G 5	8 39 56	−42 10 ·9	8 41 46	−42 23 ·0
δ	,,	2·0	A 0	8 41 15	−54 15 ·1	8 42 38	−54 26 ·0
a	,,	3·9	A 0	8 41 47	−45 35 ·1	8 43 29	−45 46 ·1
λ	,,	2·2	K 5	9 3 24	−42 55 ·7	9 5 14	−43 7 ·8
κ	,,	2·5	B 3	9 18 15	−54 28 ·6	9 19 47	−54 41 ·4
ψ	,,	3·6	F 5	9 25 47	−39 55 ·2	9 27 45	−40 8 ·3
N	,,	3·0	K 5	9 27 25	−56 29 ·0	9 28 56	−56 42 ·2
φ	,,	3·7	B 5	9 52 29	−53 58 ·4	9 54 14	−54 12 ·6
q	,,	4·1	A 2	10 9 30	−41 30 ·2	10 11 35	−41 45 ·0
γ	Vol	3·8	G 0+K 0	7 9 47	−70 17 ·7	7 9 21	−70 22 ·6
δ	,,	4·0	F 5	7 16 53	−67 43 ·7	7 16 53	−67 49 ·2
ζ	,,	3·9	K 0	7 43 21	−72 18 ·3	7 42 45	−72 25 ·6
ε	,,	4·5	B 5	8 7 33	−68 15 ·0	8 7 32	−68 20 ·5
β	,,	3·7	K 0	8 24 22	−65 43 ·2	8 24 56	−65 53 ·2
α	,,	4·1	A 5	9 0 28	−65 53 ·8	9 1 16	−66 5 ·8
Etoiles variables:							
L^2	Pup	3·4–5·8 4·6–6·2	Md	7 9 43	−44 26 ·2	7 11 15	−44 31 ·2
R	Car	4·3–5·7–9·2	Md	9 29 6	−62 14 ·2	9 30 22	−62 27 ·3
l	,,	3·5–5·3	G 0	9 41 49	−61 55 ·9	9 43 11	−62 9 ·7
S	,,	5·5–9·0	Md	10 5 23	−60 56 ·3	10 6 59	−61 10 ·9
Etoiles doubles:							
γ	Vol	4·5–7	G 0+K 0	7 9 47	−70 17 ·7	7 9 21	−70 22 ·6
Nébuleuses et amas:							
M 30	Dor			5 40	−69 10	5 40	−69 12
265 Δ	Car			9 10	−64 21	9 11	−64 33

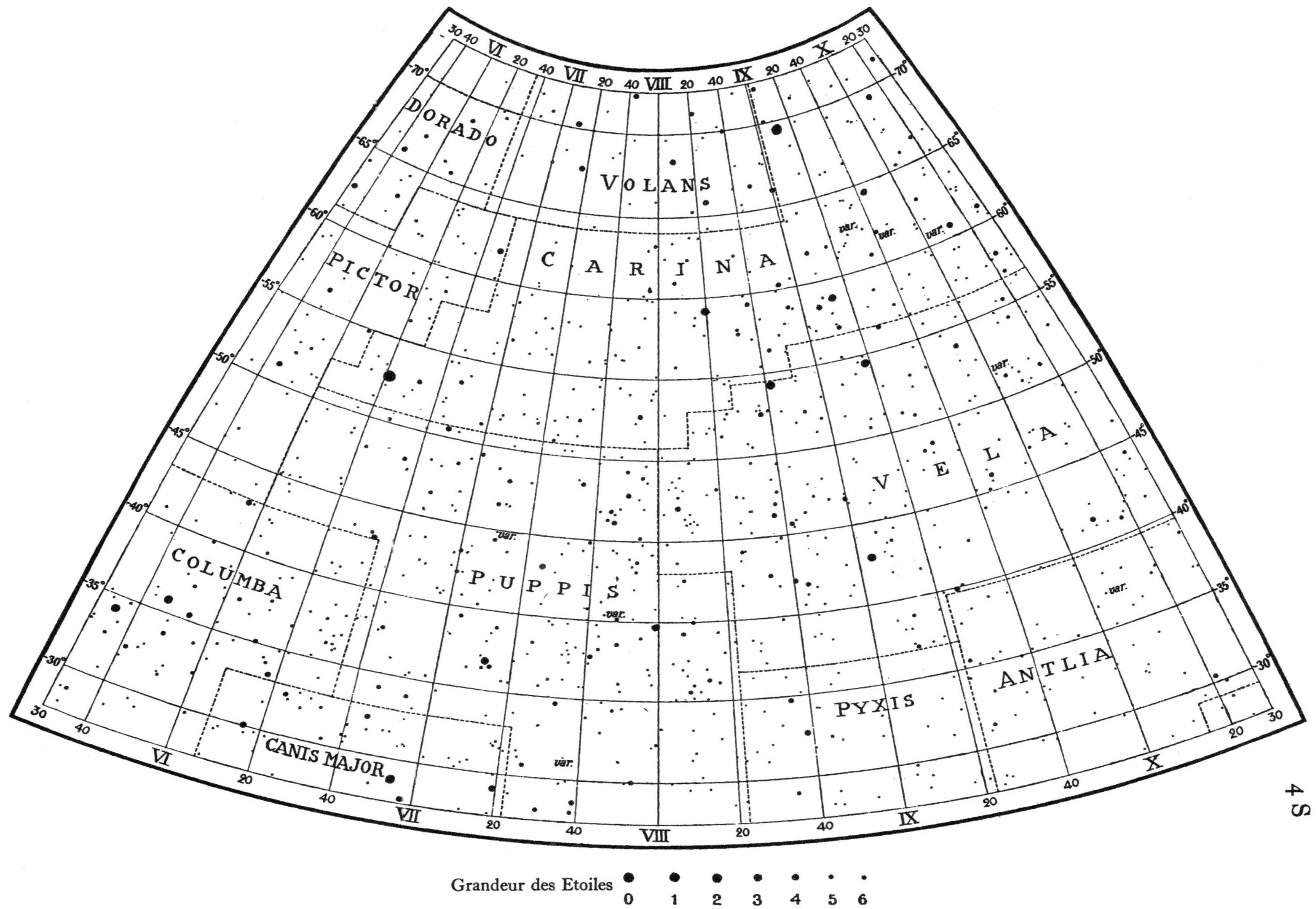
DORADO
VOLANS
PICTOR
CARINA
VELA
COLUMBA
PUPPIS
ANTLIA
PYXIS
CANIS MAJOR
VI
VII
VIII
IX
X
Grandeur des Etoiles
0 1 2 3 4 5 6

Hémisphère Sud

Limites $\begin{cases} \alpha: 9^h\ 30^m \text{ à } 14^h\ 30^m \\ \delta: -72°\ 30' \text{ à } -27°\ 30' \end{cases}$

Constellations: Antlia—Carina—Centaurus—Circinus—Crux—Hydra—Musca—Vela

Nom de l'étoile		Gr.	Sp.	1875		1925	
				α	δ	α	δ
Etoiles principales:							
α	Ant	4·2	K 5	$10^h21^m26^s$	−30°25′·9	$10^h23^m43^s$	−30°41′·1
l	Car	var.	G o	9 41 49	−61 55 ·9	9 43 11	−62 9 ·7
υ	„	3·1	F o	9 43 59	−64 29 ·5	9 45 14	−64 43 ·4
ω	„	3·4	B 8	10 10 46	−69 25 ·1	10 11 58	−69 39 ·9
q	„	3·4	K 5	10 12 55	−60 42 ·5	10 14 35	−60 57 ·4
p	„	3·5	B 5p	10 27 35	−61 2 ·6	10 29 21	−61 17 ·9
η	„	var.	Pec	10 40 13	−59 1 ·7	10 42 9	−59 17 ·4
u	„	3·8	K o	10 48 25	−58 11 ·4	10 50 27	−58 27 ·3
π	Cen	4·1	B 5	11 15 19	−53 48 ·4	11 17 35	−54 4 ·8
λ	„	3·3	B 9	11 30 1	−62 19 ·7	11 32 19	−62 36 ·3
δ	„	2·9	B 3p	12 1 53	−50 1 ·6	12 4 28	−50 18 ·3
ρ	„	4·4	B 3	12 5 8	−51 40 ·3	12 7 43	−51 57 ·0
σ	„	4·1	B 3	12 21 17	−49 32 ·3	12 23 59	−49 48 ·9
τ	„	4·0	A 2	12 30 53	−47 51 ·2	12 33 35	−48 7 ·7
γ	„	2·3	A o	12 34 38	−48 16 ·4	12 37 22	−48 32 ·9
n	„	4·4	A 5	12 46 31	−39 29 ·9	12 49 17	−39 46 ·3
ι	„	2·9	A 2	13 13 35	−36 3 ·1	13 16 22	−36 19 ·0
d	„	3·8	K o	13 23 48	−38 45 ·6	13 26 41	−39 1 ·2
ε	„	2·4	B 1	13 31 59	−52 49 ·8	13 35 7	−53 5 ·1
i	„	4·3	F 5	13 38 36	−32 24 ·6	13 41 25	−32 39 ·9
ν	„	3·5	B 2	13 42 1	−41 3 ·8	13 45 0	−41 18 ·9
μ	„	3·3	B 2p	13 42 6	−41 51 ·0	13 45 5	−42 6 ·0
ζ	„	2·6	B 2p	13 47 45	−46 40 ·3	13 50 51	−46 55 ·2
φ	„	4·0	B 3	13 50 41	−41 29 ·3	13 53 42	−41 44 ·0
υ^1	„	4·0	B 3	13 50 58	−44 11 ·5	13 54 2	−44 26 ·2
β	„	0·9	B 1	13 55 1	−59 46 ·1	13 58 31	−60 0 ·7
θ	„	2·3	K o	13 59 20	−35 45 ·2	14 2 16	−36 0 ·1
ψ	„	4·4	A o	14 12 58	−37 18 ·5	14 15 53	−37 33 ·4
η	„	2·5	B 3p + A 2p	14 27 35	−41 36 ·4	14 30 44	−41 49 ·8
δ	Cru	3·0	B 3	12 8 31	−58 3 ·2	12 11 9	−58 19 ·9
ε	„	3·4	K 2	12 14 38	−59 42 ·6	12 17 17	−59 59 ·2
α	„	1·3	B 1	12 19 40	−62 24 ·4	12 22 25	−62 41 ·0
γ	„	1·6	Mb	12 24 15	−56 24 ·7	12 27 0	−56 41 ·6
β	„	1·5	B 1	12 40 26	−59 0 ·3	12 43 20	−59 16 ·7
μ	„	4·4	B 3p + B 3	12 47 16	−56 29 ·9	12 50 0	−56 46 ·8
ξ	Hya	3·7	G 5	11 26 52	−31 10 ·0	11 29 19	−31 26 ·6
β	„	4·5	B 9	11 46 36	−33 12 ·8	11 49 2	−33 29 ·4
λ	Mus	3·7	A 5	11 39 43	−66 2 ·1	11 42 3	−66 18 ·8
γ	„	3·9	B 5	12 25 2	−71 26 ·5	12 27 58	−71 43 ·1
α	„	2·8	B 3	12 29 45	−68 26 ·7	12 32 42	−68 43 ·4
β	„	3·2	B 3	12 38 38	−67 25 ·4	12 41 40	−67 41 ·9
δ	„	3·6	K 2	12 53 42	−70 52 ·4	12 57 5	−71 8 ·7
φ	Vel	3·7	B 5	9 52 29	−53 58 ·4	9 54 14	−54 12 ·6
q	„	4·1	A 2	10 9 30	−41 30 ·2	10 11 35	−41 45 ·0
p	„	4·1	F 2 + A 3	10 32 3	−47 34 ·6	10 34 9	−47 50 ·2
μ	„	2·7	G 5	10 41 24	−48 45 ·6	10 43 32	−49 1 ·4
Etoiles variables:							
l	Car	3·5–5·4	G o	9 41 49	−61 55 ·9	9 43 11	−62 9 ·7
S	„	5·5–9·0	Md	10 5 23	−60 56 ·3	10 6 59	−61 10 ·9
η	„	1·0–7·8	Pec	10 40 13	−59 1 ·7	10 42 9	−59 17 ·4
T	„	6·2–7·0	K o	10 50 18	−59 51 ·2	10 52 18	−60 7 ·2
R	Mus	6·5–7·6	G 5	12 34 28	−68 43 ·3	12 37 28	−68 59 ·8
R	Cen	5·3–6·6–<13	Md	14 7 35	−59 19 ·8	14 11 9	−59 33 ·9
Etoiles doubles:							
α	Cru	1·6–2·1	B 1	12 19 40	−62 24 ·4	12 22 25	−62 41 ·0
γ	„	1·6–5·0	Mb	12 24 15	−56 24 ·7	12 27 0	−56 41 ·6
μ	„	4·4–6·0	B 3p + B 3	12 47 16	−56 29 ·9	12 50 0	−56 46 ·8
Nébuleuses et amas:							
κ	Cru			12 46	−59 42	12 49	−59 58
ω	Cen			13 19	−46 50	13 22	−47 5

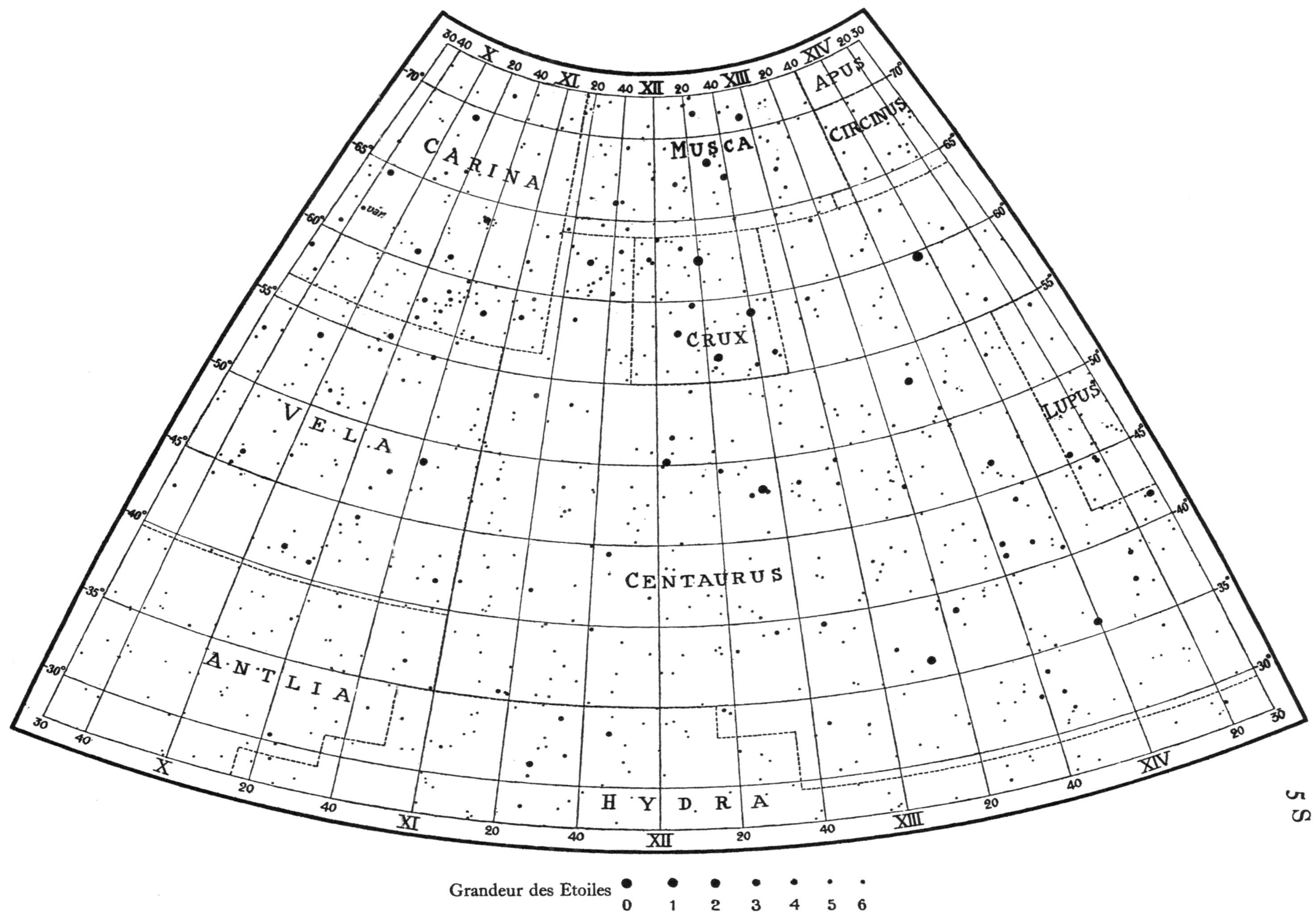
APUS
CIRCINUS
CARINA
MUSCA
CRUX
LUPUS
VELA
CENTAURUS
ANTLIA
HYDRA
var.
X
XI
XII
XIII
XIV
Grandeur des Etoiles
0 1 2 3 4 5 6

Hémisphère Sud

Limites $\begin{cases} \alpha: 13^h\,30^m \text{ à } 18^h\,30^m \\ \delta: -72°\,30' \text{ à } -27°\,30' \end{cases}$

Constellations: Apus—Ara—Centaurus—Circinus—Lupus—Norma—Pavo—Sagittarius—Scorpius—Triangulum Australe

Nom de l'étoile		Gr.	Sp.	1875 α	1875 δ	1925 α	1925 δ
Etoiles principales:							
η	Ara	3·7	K 5	$16^h39^m\,0^s$	−58°48′·9	$16^h43^m18^s$	−58°54′·3
ζ	,,	3·1	K 5	16 48 17	−55 47 ·4	16 52 24	−55 52 ·4
ε¹	,,	4·2	K 2	16 49 38	−52 57 ·9	16 53 36	−53 2 ·8
γ	,,	3·6	B 1	17 14 53	−56 15 ·4	17 19 2	−56 18 ·5
β	,,	2·8	K 2	17 14 55	−55 24 ·5	17 19 4	−55 27 ·6
δ	,,	3·6	B 8	17 19 49	−60 34 ·6	17 24 19	−60 37 ·4
α	,,	2·8	B 3p	17 22 11	−49 46 ·4	17 26 2	−49 49 ·1
θ	,,	3·9	B 1p	17 56 54	−50 5 ·8	18 0 48	−50 5 ·9
ε	Cen	2·4	B 1	13 31 59	−52 49 ·8	13 35 7	−53 5 ·1
i	,,	4·3	F 5	13 38 36	−32 24 ·6	13 41 25	−32 39 ·9
ν	,,	3·5	B 2	13 42 1	−41 3 ·8	13 45 0	−41 18 ·9
μ	,,	3·3	B 2p	13 42 6	−41 51 ·0	13 45 5	−42 6 ·0
ζ	,,	2·6	B 2p	13 47 45	−46 40 ·3	13 50 51	−46 55 ·2
φ	,,	4·0	B 3	13 50 41	−41 29 ·3	13 53 42	−41 44 ·0
υ¹	,,	4·0	B 3	13 50 58	−44 11 ·5	13 54 2	−44 26 ·2
β	,,	0·9	B 1	13 55 1	−59 46 ·1	13 58 31	−60 0 ·7
θ	,,	2·3	K 0	13 59 20	−35 45 ·2	14 2 16	−36 0 ·1
ψ	,,	4·4	A 0	14 12 58	−37 18 ·5	14 15 53	−37 33 ·4
η	,,	2·5	B 3+A 2p	14 27 35	−41 36 ·4	14 30 44	−41 49 ·8
α	,,	0·7	G 0+K 5	14 31 7	−60 19 ·1	14 34 30	−60 31 ·6
b	,,	4·2	B 3	14 34 12	−37 15 ·3	14 37 7	−37 26 ·3
c¹	,,	4·1	K 0	14 36 1	−34 38 ·0	14 39 4	−34 51 ·1
κ	,,	3·2	B 3	14 51 2	−41 36 ·0	14 54 16	−41 48 ·3
α	Cir	3·3	F 0	14 32 26	−64 25 ·7	14 36 25	−64 39 ·0
ι	Lup	3·8	B 3	14 11 25	−45 28 ·8	14 14 35	−45 42 ·7
ρ	,,	4·1	B 5	14 29 29	−48 52 ·8	14 32 50	−49 5 ·3
α	,,	2·4	B 2	14 33 38	−46 51 ·0	14 36 56	−47 4 ·0
β	,,	2·7	B 2p	14 50 21	−42 37 ·7	14 53 37	−42 50 ·0
π	,,	4·3	B 5	14 56 37	−46 33 ·6	15 0 4	−46 46 ·8
κ	,,	4·1	B 9+A 0	15 3 15	−48 15 ·6	15 6 43	−48 27 ·2
ζ	,,	3·4	K 0	15 3 19	−51 37 ·3	15 6 53	−51 48 ·9
δ	,,	3·4	B 2	15 13 10	−40 11 ·6	15 16 27	−40 22 ·6
φ¹	,,	3·5	K 5	15 13 53	−35 48 ·4	15 17 2	−35 59 ·4
ε	,,	3·7	B 3	15 14 12	−44 14 ·3	15 17 31	−44 24 ·6
γ	,,	3·0	B 3	15 26 49	−40 44 ·7	15 30 8	−40 55 ·0
χ	,,	4·1	B 9	15 43 1	−33 14 ·6	15 46 11	−33 24 ·0
η	,,	3·7	B 3	15 51 51	−38 2 ·2	15 55 10	−38 12 ·5
η	Pav	3·5	K 0	17 33 28	−64 39 ·6	17 38 22	−64 41 ·4
ξ	,,	4·2	K 2	18 11 42	−61 32 ·8	18 16 19	−61 31 ·8
ζ	,,	4·1	K 0	18 28 25	−71 31 ·8	18 34 17	−71 29 ·7
γ	Sgr	3·1	K 0	17 57 47	−30 25 ·4	18 0 59	−30 25 ·6
η	,,	3·1	Mb	18 9 10	−36 47 ·8	18 12 33	−36 47 ·1
δ	,,	2·8	K 0	18 12 59	−29 52 ·7	18 16 12	−29 51 ·7
ε	,,	2·0	A 0	18 15 53	−34 26 ·4	18 19 12	−34 25 ·3
ρ	Sco	4·5	B 3	15 49 10	−28 50 ·8	15 52 14	−28 59 ·6
τ	,,	2·9	B 0	16 28 6	−27 57 ·3	16 31 13	−28 3 ·7
H	,,	4·4	Ma	16 28 9	−34 59 ·7	16 31 26	−35 6 ·2
ε	,,	2·4	K 0	16 42 5	−34 3 ·8	16 45 18	−34 9 ·5
μ	,,	3·1	B 3p+B 2	16 43 38	−37 49 ·0	16 46 47	−37 55 ·2
ζ	,,	3·8	B 1p+K 5	16 45 48	−42 8 ·7	16 49 18	−42 14 ·1
η	,,	3·4	F 2	17 3 12	−43 4 ·3	17 6 47	−43 8 ·5
υ	,,	2·8	B 3	17 22 16	−37 11 ·6	17 25 40	−37 14 ·3
λ	,,	1·7	B 2	17 25 7	−37 0 ·6	17 28 31	−37 3 ·0
θ	,,	1·9	F 0	17 28 20	−42 54 ·9	17 31 56	−42 57 ·1
κ	,,	2·5	B 2	17 33 50	−38 57 ·8	17 37 18	−38 59 ·6
ι¹	,,	3·1	F 5p	17 38 51	−40 4 ·5	17 42 20	−40 6 ·0
G	,,	3·1	K 2	17 41 21	−37 0 ·0	17 44 45	−37 1 ·3
γ	TrA	3·1	A 0	15 7 16	−68 12 ·9	15 11 53	−68 24 ·3
β	,,	2·9	F 0	15 44 9	−63 2 ·5	15 48 31	−63 12 ·1
δ	,,	4·0	G 0	16 4 5	−63 21 ·8	16 8 36	−63 29 ·8
α	,,	1·9	K 2	16 35 27	−68 47 ·6	16 40 42	−68 53 ·5
Etoiles variables:							
R	Cen	5·3–6·6–13	Md	14 7 35	−59 19 ·8	14 11 9	−59 33 ·9
Etoiles doubles:							
α	Cen	0·3–1·7	G 0+K 5	14 31 7	−60 19 ·1	14 34 30	−60 31 ·6

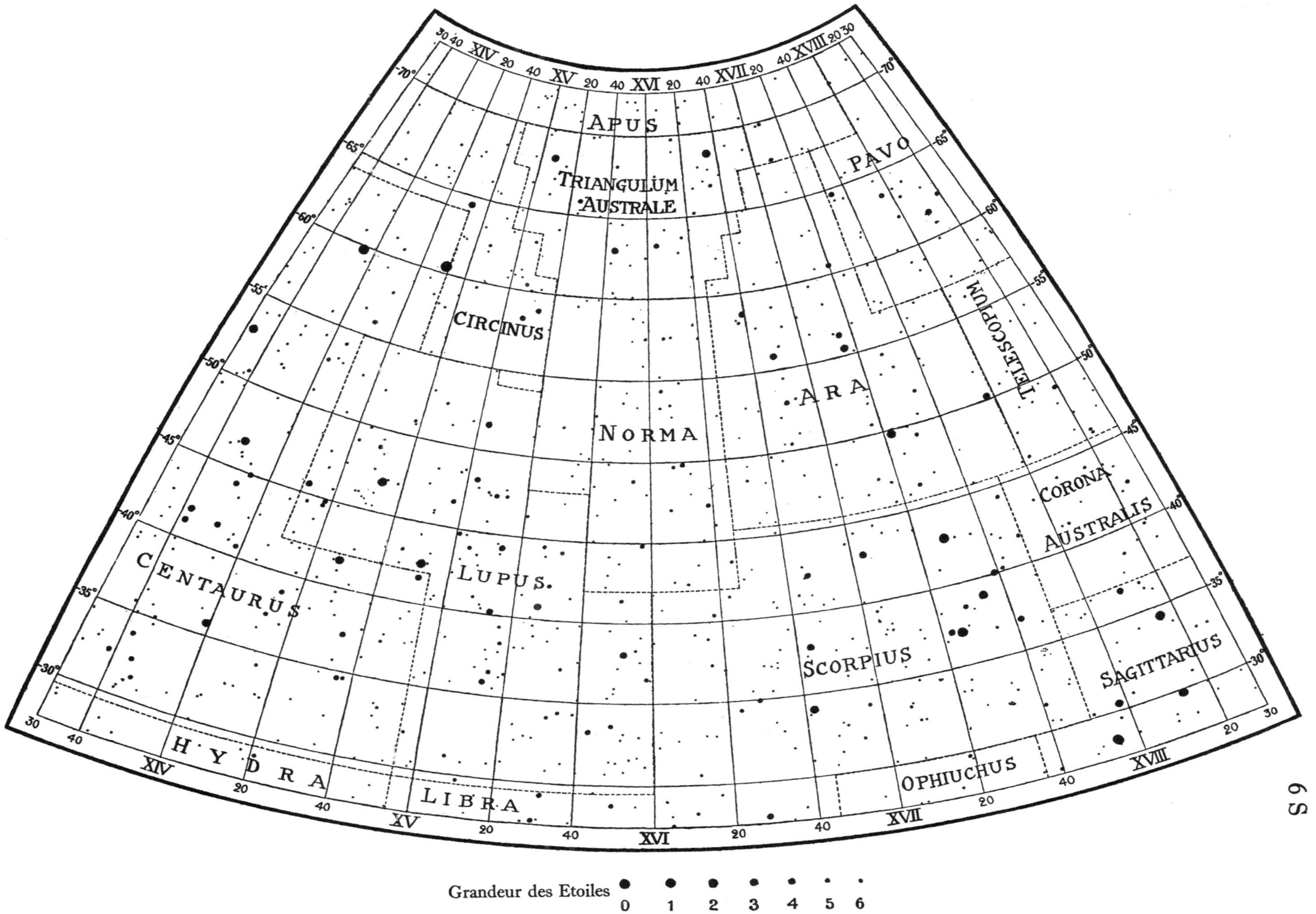
APUS
PAVO
TRIANGULUM AUSTRALE
CIRCINUS
TELESCOPIUM
ARA
NORMA
CORONA AUSTRALIS
CENTAURUS
LUPUS
SCORPIUS
SAGITTARIUS
HYDRA
LIBRA
OPHIUCHUS
XIV
XV
XVI
XVII
XVIII
Grandeur des Etoiles
0 1 2 3 4 5 6

Hémisphère Sud

Limites $\begin{cases} \alpha: 17^h\ 30^m \text{ à } 22^h\ 30^m \\ \delta: -72^\circ\ 30' \text{ à } -27^\circ\ 30' \end{cases}$

Constellations: Corona Australis—Grus—Indus—Microscopium—Pavo—Piscis Austrinus—Sagittarius—Telescopium

Nom de l'étoile	Gr.	Sp.	1875		1925	
			α	δ	α	δ
Etoiles principales:						
β CrA	4·1	G 5	$19^h\ 1^m 26^s$	$-39^\circ 32'{\cdot}2$	$19^h\ 4^m 50^s$	$-39^\circ 27'{\cdot}7$
γ Gru	3·2	B 8	21 46 21	−37 57 ·1	21 49 24	−37 43 ·1
α ,,	2·2	B 5	22 0 21	−47 33 ·9	22 3 31	−47 19 ·5
δ¹ ,,	4·0	G 5	22 21 48	−44 8 ·0	22 24 48	−43 52 ·8
δ² ,,	4·4	Mb	22 22 17	−44 23 ·2	22 25 17	−44 8 ·0
α Ind	3·0	K o	20 28 46	−47 43 ·5	20 32 18	−47 33 ·3
β ,,	3·7	K o	20 45 1	−58 55 ·4	20 48 58	−58 44 ·3
η Pav	3·5	K o	17 33 28	−64 39 ·6	17 38 22	−64 41 ·4
ξ ,,	4·2	K 2	18 11 42	−61 32 ·8	18 16 19	−61 31 ·8
ζ ,,	4·1	K o	18 28 25	−71 31 ·8	18 34 17	−71 29 ·7
λ ,,	4·3	B 2	18 40 38	−62 19 ·6	18 45 16	−62 16 ·5
κ ,,	4·0	F 5p	18 44 3	−67 23 ·2	18 48 59	−67 15 ·9
δ ,,	3·6	G 5	19 56 27	−66 29 ·8	20 1 23	−66 22 ·5
α ,,	2·1	B 3	20 15 45	−57 8 ·0	20 19 43	−56 58 ·6
β ,,	3·6	A 5	20 33 40	−66 39 ·0	20 38 13	−66 28 ·5
γ ,,	4·2	F 8	21 16 5	−65 55 ·8	21 20 16	−65 42 ·4
ι PsA	4·4	A o	21 37 30	−33 35 ·7	21 40 29	−33 22 ·1
β ,,	4·4	A o	22 24 24	−32 59 ·2	22 27 15	−32 43 ·8
γ Sgr	3·1	K o	17 57 47	−30 25 ·4	18 0 59	−30 25 ·6
η ,,	3·1	Mb	18 9 10	−36 47 ·8	18 12 33	−36 47 ·1
δ ,,	2·8	K o	18 12 59	−29 52 ·7	18 16 12	−29 51 ·7
ε ,,	2·0	A o	18 15 53	−34 26 ·4	18 19 12	−34 25 ·3
ζ ,,	2·7	A 2	18 54 39	−30 3 ·4	18 57 50	−29 59 ·3
τ ,,	3·4	K o	18 59 8	−27 51 ·0	19 2 16	−27 46 ·9
β¹ ,,	4·2	B 8	19 13 39	−44 41 ·5	19 17 15	−44 36 ·1
β² ,,	4·4	F o	19 14 11	−45 1 ·9	19 17 47	−44 56 ·5
α ,,	4·1	B 8	19 15 13	−40 50 ·9	19 18 42	−40 45 ·5
ι ,,	4·2	K o	19 46 38	−42 11 ·6	19 50 5	−42 4 ·0
θ¹ ,,	4·3	B 3	19 51 36	−35 36 ·7	19 54 51	−35 28 ·8
α Tel	3·7	B 3	18 17 42	−46 2 ·1	18 21 25	−46 0 ·7
ζ ,,	4·2	K o	18 19 12	−49 8 ·1	18 23 4	−49 7 ·1

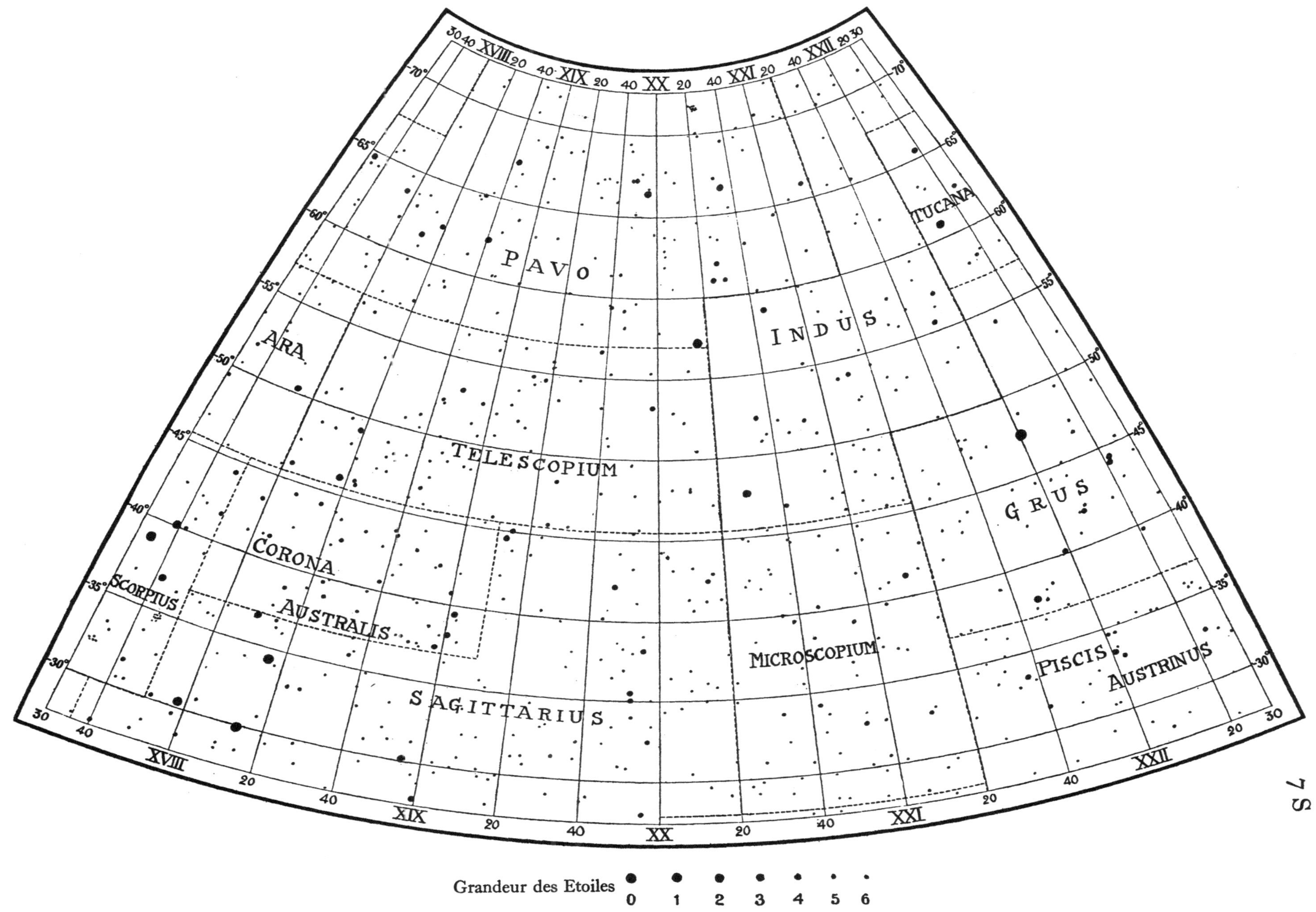
PAVO
TUCANA
ARA
INDUS
TELESCOPIUM
GRUS
CORONA AUSTRALIS
SCORPIUS
MICROSCOPIUM
PISCIS AUSTRINUS
SAGITTARIUS
XVIII
XIX
XX
XXI
XXII
Grandeur des Etoiles
0 1 2 3 4 5 6

Hémisphère Sud

Limites $\begin{cases} \alpha: 23^h\ 30^m \text{ à } 4^h\ 30^m \\ \delta: +12^\circ\ 30' \text{ à } -32^\circ\ 30' \end{cases}$

Constellations: Cetus—Eridanus—Fornax—Pisces—Sculptor—Taurus

Nom de l'étoile		Gr.	Sp.	1875		1925	
				α	δ	α	δ
Etoiles principales:							
2	Cet	4·5	A o	$23^h57^m20^s$	−18° 1′·9	$23^h59^m54^s$	−17°45′·2
ι	,,	3·5	K o	0 13 4	− 9 31 ·0	0 15 36	− 9 14 ·4
β	,,	2·2	K o	0 37 19	−18 40 ·4	0 39 50	−18 23 ·9
η	,,	3·6	K o	1 2 18	−10 50 ·7	1 4 49	−10 34 ·8
θ	,,	3·8	K o	1 17 46	− 8 49 ·7	1 20 16	− 8 34 ·2
τ	,,	3·7	K o	1 38 16	−16 35 ·8	1 40 35	−16 19 ·9
ζ	,,	3·5	K o	1 45 17	−10 57 ·2	1 47 45	−10 42 ·3
υ	,,	3·9	Ma	1 54 7	−21 41 ·0	1 56 28	−21 26 ·4
ξ^1	,,	4·5	G 5	2 6 23	+ 8 15 ·6	2 9 1	+ 8 29 ·7
o	,,	var.	Md	2 13 2	− 3 32 ·9	2 15 33	− 3 19 ·0
ξ^2	,,	4·3	A o	2 21 31	+ 7 53 ·9	2 24 10	+ 8 7 ·5
δ	,,	3·9	B 2	2 33 5	− 0 12 ·7	2 35 38	+ 0 0 ·3
γ	,,	3·6	A 2	2 36 49	+ 2 42 ·5	2 39 25	+ 2 55 ·2
π	,,	4·0	B 5	2 38 10	−14 23 ·3	2 40 33	−14 10 ·5
μ	,,	4·4	F o	2 38 10	+ 9 35 ·1	2 40 53	+ 9 47 ·9
α	,,	2·8	Ma	2 55 45	+ 3 35 ·9	2 58 21	+ 3 47 ·8
η	Eri	4·1	K o	2 50 19	− 9 23 ·8	2 52 46	− 9 11 ·7
τ^3	,,	4·2	A 3	2 56 53	−24 6 ·9	2 59 5	−23 55 ·1
τ^4	,,	3·4	Mb	3 13 57	−22 12 ·8	3 16 1	−22 1 ·0
ε	,,	3·8	K o	3 27 3	− 9 52 ·9	3 29 24	− 9 42 ·7
τ^5	,,	4·3	B 8	3 28 16	−22 3 ·2	3 30 28	−21 53 ·0
δ	,,	3·7	K o	3 37 16	−10 11 ·2	3 39 39	−10 1 ·0
τ^6	,,	4·3	F 8	3 41 28	−23 37 ·2	3 43 37	−23 28 ·2
τ^8	,,	4·4	B 5	3 48 24	−24 59 ·0	3 50 33	−24 50 ·0
γ	,,	3·2	K 5	3 52 12	−13 51 ·9	3 54 32	−13 43 ·3
τ^9	,,	4·4	A op	3 54 36	−24 22 ·3	3 56 45	−24 13 ·3
o^1	,,	4·0	F 2	4 5 46	− 7 9 ·9	4 8 12	− 7 1 ·9
o^2	,,	4·5	G 5	4 9 31	− 7 52 ·1	4 11 49	− 7 46 ·1
α	For	4·0	F 8	3 6 45	−29 28 ·9	3 8 53	−29 16 ·9
β	Psc	4·5	B 5p	22 57 31	+ 3 8 ·9	23 0 4	+ 3 25 ·0
γ	,,	3·7	K o	23 10 41	+ 2 36 ·0	23 13 17	+ 2 52 ·3
θ	,,	4·5	G 5	23 21 38	+ 5 41 ·6	23 24 11	+ 5 58 ·0
λ	,,	4·5	A 5	23 35 40	+ 1 5 ·7	23 38 13	+ 1 22 ·0
ω	,,	4·0	F 5	23 52 54	+ 6 10 ·3	23 55 28	+ 6 26 ·9
30	,,	4·5	Mb	23 55 33	− 6 42 ·5	23 58 7	− 6 25 ·9
δ	,,	4·5	K 5	0 42 12	+ 6 54 ·3	0 44 47	+ 7 10 ·6
ε	,,	4·5	K o	0 56 27	+ 7 13 ·0	0 59 3	+ 7 29 ·2
ν	,,	4·5	K o	1 34 56	+ 4 51 ·3	1 37 32	+ 5 6 ·5
o	,,	4·5	K o	1 38 48	+ 8 31 ·7	1 41 26	+ 8 46 ·8
α	,,	3·9	A 2p	1 55 35	+ 2 9 ·6	1 58 10	+ 2 24 ·1
α	Scl	4·4	B 5	0 52 35	−30 2 ·0	0 55 0	−29 45 ·8
o	Tau	3·6	G 5	3 18 5	+ 8 35 ·3	3 20 47	+ 8 46 ·0
ξ	,,	3·8	B 8	3 20 24	+ 9 17 ·7	3 23 6	+ 9 28 ·3
10	,,	4·4	G 5	3 30 30	+ 0 0 ·6	3 33 3	+ 0 9 ·9
λ	,,	var.	B 3	3 53 45	+12 8 ·1	3 56 31	+12 16 ·8
ν	,,	3·9	A o	3 56 30	+ 5 38 ·5	3 59 10	+ 5 46 ·9
μ	,,	4·2	B 3	4 8 45	+ 8 34 ·7	4 11 28	+ 8 42 ·8
Etoiles variables:							
o	Cet	1·7–8·7	Md	2 13 2	− 3 32 ·9	2 15 33	− 3 19 ·0
		5·2–10·0					
λ	Tau	3·8–4·2	B 3	3 53 45	+12 8 ·1	3 56 31	+12 16 ·8
Etoiles doubles:							
35	Psc	7·0–8·6	F o	0 8 33	+ 8 7 ·6	0 11 6	+ 8 24 ·3
γ	Cet	3·9–6·8	A 2	2 36 49	+ 2 42 ·5	2 39 25	+ 2 55 ·2
w	Eri	4·0–6·0	G 5 +A	3 48 31	− 3 19 ·6	3 50 31	− 3 10 ·5

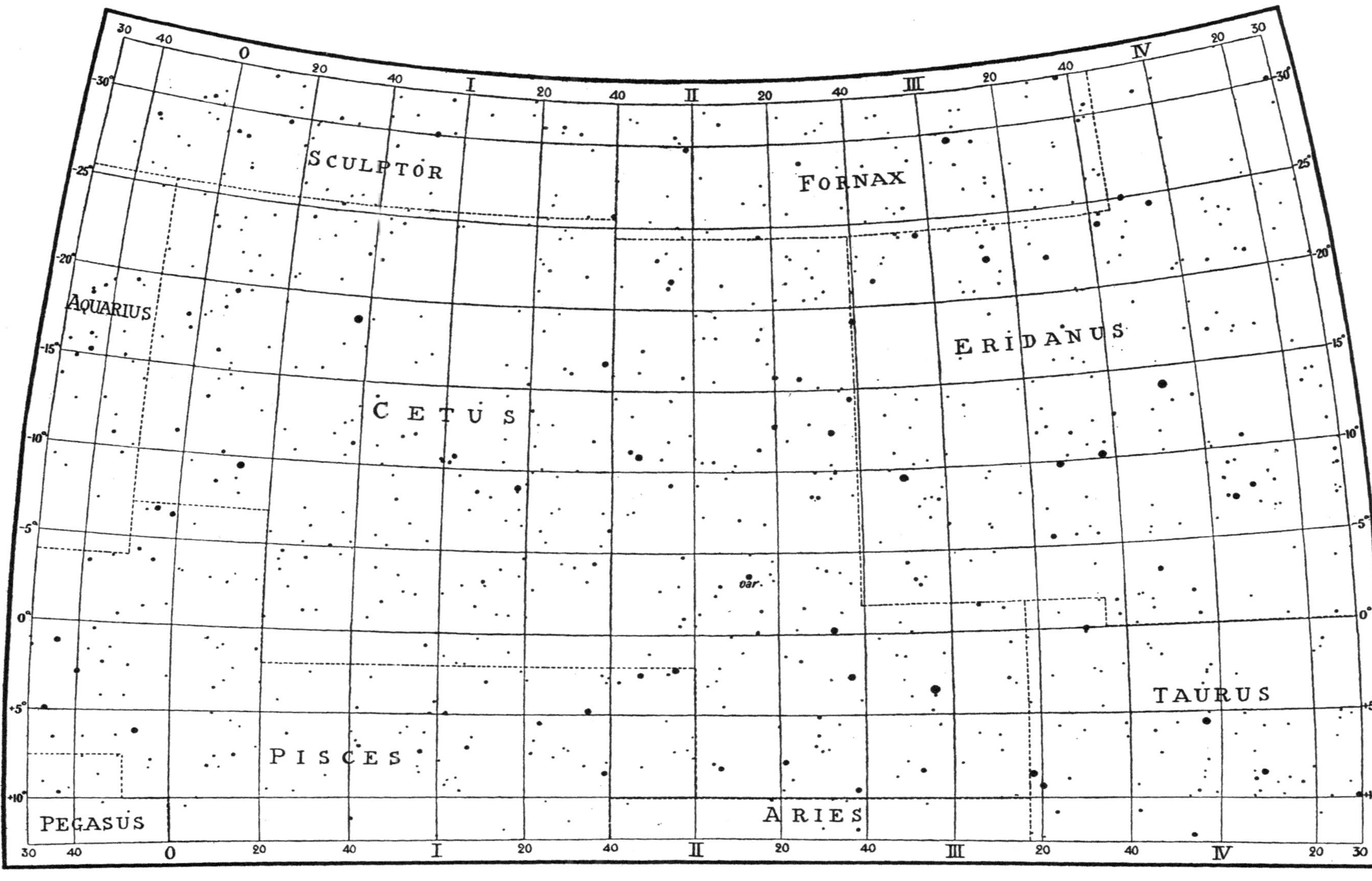
SCULPTOR
FORNAX
AQUARIUS
ERIDANUS
CETUS
TAURUS
PISCES
PEGASUS
ARIES
var.
Grandeur des Etoiles
0 1 2 3 4 5 6

Hémisphère Sud

Limites $\begin{cases} \alpha: 3^h\ 30^m \text{ à } 8^h\ 30^m \\ \delta: +12°\ 30' \text{ à } -32°\ 30' \end{cases}$

Constellations: Canis Major—Canis Minor—Eridanus—Lepus—Monoceros—Orion—Puppis—Taurus

Nom de l'étoile	Gr.	Sp.	1875 α	1875 δ	1925 α	1925 δ
Etoiles principales:						
ζ CMa	2·9	B 3	$6^h15^m31^s$	−30° 0′·6	$6^h17^m26^s$	−30° 1′·7
β ,,	2·0	B 1	6 17 12	−17 53 ·7	6 19 24	−17 55 ·1
ξ^1 ,,	4·5	B 1	6 26 39	−23 19 ·8	6 28 45	−23 22 ·3
ν^2 ,,	4·1	K o	6 31 14	−19 9 ·0	6 33 20	−19 11 ·5
α ,,	−1·6	A o	6 39 38	−16 32 ·8	6 41 51	−16 36 ·8
κ ,,	3·8	B 2p	6 45 10	−32 21 ·9	6 47 2	−32 25 ·4
θ ,,	4·1	K 2	6 48 23	−11 53 ·0	6 50 42	−11 56 ·6
o^1 ,,	3·9	K 2p	6 48 57	−24 1 ·8	6 51 2	−24 6 ·1
ε ,,	1·6	B 1	6 53 43	−28 48 ·2	6 55 41	−28 52 ·1
σ ,,	3·7	K 5	6 56 44	−27 45 ·4	6 58 44	−27 49 ·6
o^2 ,,	3·1	B 5p	6 57 48	−23 39 ·1	6 59 54	−23 43 ·4
γ ,,	4·1	B 5	6 58 6	−15 27 ·0	7 0 22	−15 31 ·3
δ ,,	2·0	F 8p	7 3 19	−26 11 ·7	7 5 20	−26 16 ·4
ω ,,	4·2	B 3p	7 9 44	−26 33 ·4	7 11 41	−26 38 ·1
η ,,	2·4	B 5p	7 19 9	−29 3 ·6	7 21 8	−29 9 ·3
β CMi	3·1	B 8	7 20 22	+ 8 32 ·4	7 23 5	+ 8 26 ·5
α ,,	0·5	F 5	7 32 46	+ 5 32 ·6	7 35 23	+ 5 25 ·1
δ Eri	3·7	K o	3 37 16	−10 11 ·2	3 39 39	−10 1 ·0
τ^6 ,,	4·3	F 8	3 41 28	−23 37 ·2	3 43 37	−23 28 ·2
τ^8 ,,	4·4	B 5	3 48 24	−24 59 ·0	3 50 33	−24 50 ·0
γ ,,	3·2	K 5	3 52 12	−13 51 ·9	3 54 32	−13 43 ·3
τ^9 ,,	4·4	A op	3 54 36	−24 22 ·3	3 56 45	−24 13 ·3
o^1 ,,	4·1	F 2	4 5 46	− 7 9 ·9	4 8 12	− 7 1 ·9
o^2 ,,	4·5	G 5	4 9 31	− 7 52 ·1	4 11 49	− 7 46 ·1
ν ,,	4·1	B 2	4 30 4	− 3 36 ·6	4 32 34	− 3 30 ·3
υ^2 ,,	3·9	K o	4 30 42	−30 49 ·2	4 32 38	−30 42 ·9
l ,,	4·0	K o	4 32 47	−14 33 ·0	4 34 45	−14 27 ·0
μ ,,	4·2	B 5	4 39 15	− 3 29 ·1	4 41 45	− 3 23 ·1
β ,,	2·7	A 3	5 1 43	− 5 14 ·9	5 4 10	− 5 10 ·9
ε Lep	3·3	K 5	5 0 10	−22 32 ·4	5 2 17	−22 28 ·2
μ ,,	3·3	A op	5 7 19	−16 21 ·3	5 9 34	−16 17 ·6
λ ,,	4·3	B 1	5 13 49	−13 18 ·4	5 16 7	−13 15 ·2
β ,,	2·9	G o	5 22 53	−20 51 ·6	5 25 2	−20 49 ·1

Nom de d'étoile	Gr.	Sp.	1875 α	1875 δ	1925 α	1925 δ
α Lep	2·7	F o	$5^h27^m13^s$	−17°54′·8	$5^h29^m25^s$	−17°52′·5
γ ,,	3·8	F 8	5 39 15	−22 29 ·4	5 41 20	−22 28 ·3
ζ ,,	3·7	A 2	5 41 18	−14 52 ·2	5 43 34	−14 50 ·9
δ ,,	3·9	K o	5 45 56	−20 53 ·3	5 48 6	−20 53 ·1
η ,,	3·8	F o	5 50 43	−14 11 ·6	5 52 59	−14 10 ·8
γ Mon	4·5	K o	6 8 46	− 6 14 ·1	6 11 12	− 6 15 ·0
α ,,	4·0	K o	7 35 17	− 9 15 ·6	7 37 40	− 9 22 ·5
π^3 Ori	3·3	F 8	4 43 2	+ 6 44 ·5	4 45 46	+ 6 49 ·9
π^4 ,,	3·8	B 3	4 44 33	+ 5 23 ·4	4 47 13	+ 5 28 ·7
π^5 ,,	3·9	B 3	4 47 45	+ 2 14 ·1	4 50 21	+ 2 19 ·2
β ,,	0·3	B 8p	5 8 32	− 8 20 ·9	5 10 56	− 8 17 ·2
τ ,,	3·7	B 5	5 11 32	− 6 58 ·8	5 13 58	− 6 55 ·5
e ,,	4·5	K o	5 17 55	− 7 55 ·5	5 20 20	− 7 52 ·5
η ,,	3·3	B 1	5 18 12	− 2 30 ·8	5 20 42	− 2 27 ·9
γ ,,	1·7	B 2	5 18 26	+ 6 14 ·1	5 21 7	+ 6 17 ·0
δ ,,	2·5	B o	5 25 37	− 0 23 ·6	5 28 11	− 0 21 ·2
λ ,,	3·5	Oe 5	5 28 15	+ 9 50 ·9	5 31 0	+ 9 53 ·1
ι ,,	2·9	Oe 5	5 29 18	− 5 59 ·5	5 31 45	− 5 57 ·7
ε ,,	1·8	B o	5 29 52	− 1 17 ·0	5 32 24	− 1 14 ·9
ϕ^2 ,,	4·5	K o	5 30 2	+ 9 13 ·6	5 32 46	+ 9 16 ·4
σ ,,	3·8	B o	5 32 28	− 2 40 ·4	5 34 59	− 2 38 ·5
ζ ,,	1·9	B o	5 34 27	− 2 0 ·6	5 36 58	− 1 58 ·9
κ ,,	2·1	B o	5 41 50	− 9 42 ·9	5 44 12	− 9 41 ·7
α ,,	var.	Ma	5 48 24	+ 7 22 ·9	5 51 7	+ 7 23 ·7
k Pup	4·5	B 8 + B 3	7 33 42	−26 31 ·1	7 35 45	−26 38 ·4
l ,,	4·1	A 2p	7 38 47	−28 39 ·4	7 40 48	−28 46 ·6
10 Tau	4·4	G 5	3 30 30	+ 0 0 ·6	3 33 3	+ 0 9 ·9
λ ,,	var.	B 3	3 53 45	+12 8 ·1	3 56 31	+12 16 ·8
ν ,,	3·9	A o	3 56 30	+ 5 38 ·5	3 59 10	+ 5 46 ·9
μ ,,	4·2	B 3	4 8 45	+ 8 34 ·7	4 11 28	+ 8 42 ·8
c ,,	4·0	A 3	4 31 10	+12 15 ·5	4 33 57	+12 22 ·2

Nom de l'étoile		Gr.	Sp.	1875 α	1875 δ	1925 α	1925 δ
Etoiles variables:							
λ	Tau	3·8–4·2	B 3	$3^h53^m45^s$	+12° 8′·1	$3^h56^m31^s$	+12°16′·8
R	Lep	6·0–10·4	Pec.	4 53 55	−14 59 ·8	4 56 11	−14 55 ·1
α	Ori	0·5–1·1	Ma	5 48 24	+ 7 22 ·9	5 51 7	+ 7 23 ·7
T	Mon	5·8–6·8	G 5p	6 18 28	+ 7 9 ·1	6 21 10	+ 7 7 ·6
Etoiles doubles:							
ϖ	Eri	4·0–6·0	G 5 + A	3 48 1	− 3 19 ·6	3 50 31	− 3 10 ·5
β	Ori	1·0–8	B 8p	5 8 32	− 8 20 ·9	5 10 56	− 8 17 ·2
δ	,,	2·5–6·9	B o	5 25 37	− 0 23 ·6	5 28 11	− 0 21 ·2
ι	,,	2·8–7	Oe 5	5 29 18	− 5 59 ·5	5 31 45	− 5 57 ·7
σ	,,	3·8–10 7·5–7	B o	5 32 28	− 2 40 ·4	5 34 59	− 2 38 ·5
γ	Lep	3·8–6·5	F 8	5 39 15	−22 29 ·4	5 41 20	−22 28 ·3
52	Ori	6·2–6·2	A 3	5 41 17	+ 6 24 ·5	5 43 58	+ 6 24 ·7
ε	Mon	4·5–6·5	A 5	6 17 9	+ 4 39 ·3	6 19 48	+ 4 37 ·9
β	,,	5·5–5·5–6·0	B 2p	6 22 47	− 6 57 ·4	6 25 12	− 6 59 ·1
α	CMa	−1·6–10	A o	6 39 38	−16 32 ·8	6 41 51	−16 36 ·8
μ	,,	4·7–8·0	G 5 + A 2	6 50 23	−13 52 ·7	6 52 41	−13 57 ·0
k	Pup	4·5–5·0	B 8 + B 3	7 33 42	−26 31 ·1	7 35 45	−26 38 ·4
5	,,	6·9–9·3	F 5	7 42 6	−11 53 ·2	7 44 26	−12 0 ·5
Nébuleuses et amas:							
M 42	Ori			5 29	− 5 29	5 32	− 5 27
H VII 2	Mon			6 25	+ 5 2	6 28	+ 5 0
M 50	,,			6 57	− 8 11	6 59	− 8 16

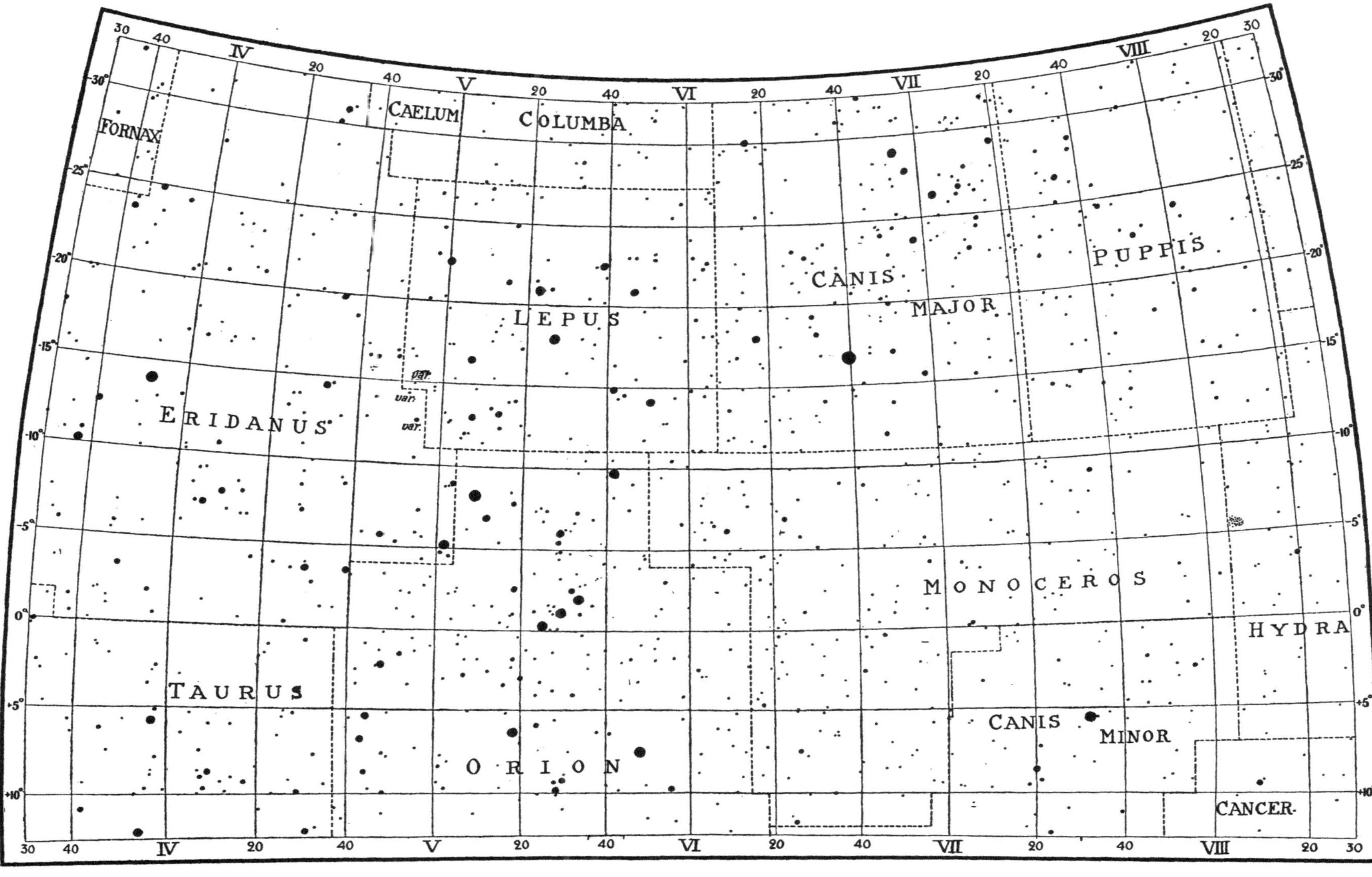

Grandeur des Etoiles 0 1 2 3 4 5 6

Hémisphère Sud

Limites $\begin{cases} \alpha: 7^h\ 30^m \text{ à } 12^h\ 30^m \\ \delta: +\ 12^\circ\ 30' \text{ à } -\ 32^\circ\ 30' \end{cases}$

Constellations: Antlia—Cancer—Crater—Hydra—Leo—Puppis—Pyxis—Sextans—Virgo

Nom de l'étoile		Gr.	Sp.	1875		1925	
				α	δ	α	δ
Etoiles principales:							
α	Ant	4·4	K 5	$10^h21^m26^s$	$-30^\circ25'·9$	$10^h23^m43^s$	$-30^\circ41'·2$
α	Crt	4·2	K 0	10 53 42	−17 38·0	10 56 7	−17 54·0
δ	,,	3·8	K 0	11 13 6	−14 6·1	11 15 35	−14 22·4
γ	,,	4·1	A 5	11 18 39	−16 59·8	11 21 8	−17 16·3
C	Hya	3·6	A 0	8 19 25	− 3 30·0	8 21 55	− 3 39·6
δ	,,	4·2	A 0	8 31 3	+ 6 8·3	8 33 41	+ 5 58·0
ε	,,	3·5	F 8	8 40 9	+ 6 52·6	8 42 48	+ 6 41·7
ζ	,,	3·1	K 0	8 48 48	+ 6 25·2	8 51 26	+ 6 13·9
θ	,,	3·8	A 0	9 7 51	+ 2 50·5	9 10 28	+ 2 37·9
α	,,	2·2	K 2	9 21 27	− 8 7·1	9 23 54	− 8 20·0
ι	,,	4·1	K 0	9 33 28	− 0 34·5	9 36 2	− 0 48·1
λ	,,	3·8	K 0	10 4 30	−11 44·2	10 6 56	−11 59·0
μ	,,	3·9	K 5	10 20 3	−16 11·9	10 22 28	−16 27·2
ν	,,	3·3	K 0	10 43 27	−15 32·5	10 45 55	−15 48·0
ξ	,,	3·6	G 5	11 26 52	−31 10·0	11 29 19	−31 26·6
ο	Leo	3·8	F 5+A 3	9 34 29	+10 27·6	9 37 9	+10 14·1
ρ	,,	3·9	B op	10 26 14	+ 9 57·0	10 28 52	+ 9 41·6
φ	,,	4·5	A 5	11 10 18	− 2 58·1	11 12 51	− 3 14·5
σ	,,	4·1	A 0	11 14 41	+ 6 42·9	11 17 16	+ 6 26·4
ν	,,	4·0	F 5	11 17 24	+11 13·1	11 20 1	+10 56·6
υ	,,	4·5	K 0	11 30 33	− 0 8·0	11 33 7	− 0 24·6
k	Pup	4·5	B 8+B 3	7 33 42	−26 31·1	7 35 2	−26 38·4
l	,,	4·1	A 2p	7 38 47	−28 39·4	7 40 48	−28 46·6
γ	Pyx	4·2	K 2	8 45 14	−27 14·8	8 47 21	−27 25·9
ν	Vir	4·2	Ma	11 39 26	+ 7 13·8	11 42 0	+ 6 57·0
β	,,	3·8	F 8	11 44 11	+ 2 28·1	11 46 47	+ 2 11·2
ο	,,	4·2	G 5	11 58 51	+ 9 25·6	12 1 23	+ 9 9·0
η	,,	4·0	A 0	12 13 31	+ 0 1·7	12 16 4	− 0 15·0
Etoiles doubles:							
k	Pup	4·5–5·0	B 8+B 3	7 33 42	−26 31·1	7 35 45	−26 38·4
5	,,	6·9–9·3	F 5	7 42 6	−11 53·2	7 44 26	−12 0·5
17	Hya	7·2–7·3	A 3	8 49 22	− 7 29·6	8 51 48	− 7 41·0
ι	Leo	4·0–7·0	F 5	11 17 24	+11 13·1	11 20 1	+10 56·6
Nébuleuses et amas:							
M 67	Cnc			8 44	+12 16	8 47	+12 5
H IV 27	Hya			10 19	−18 1	10 22	−18 16

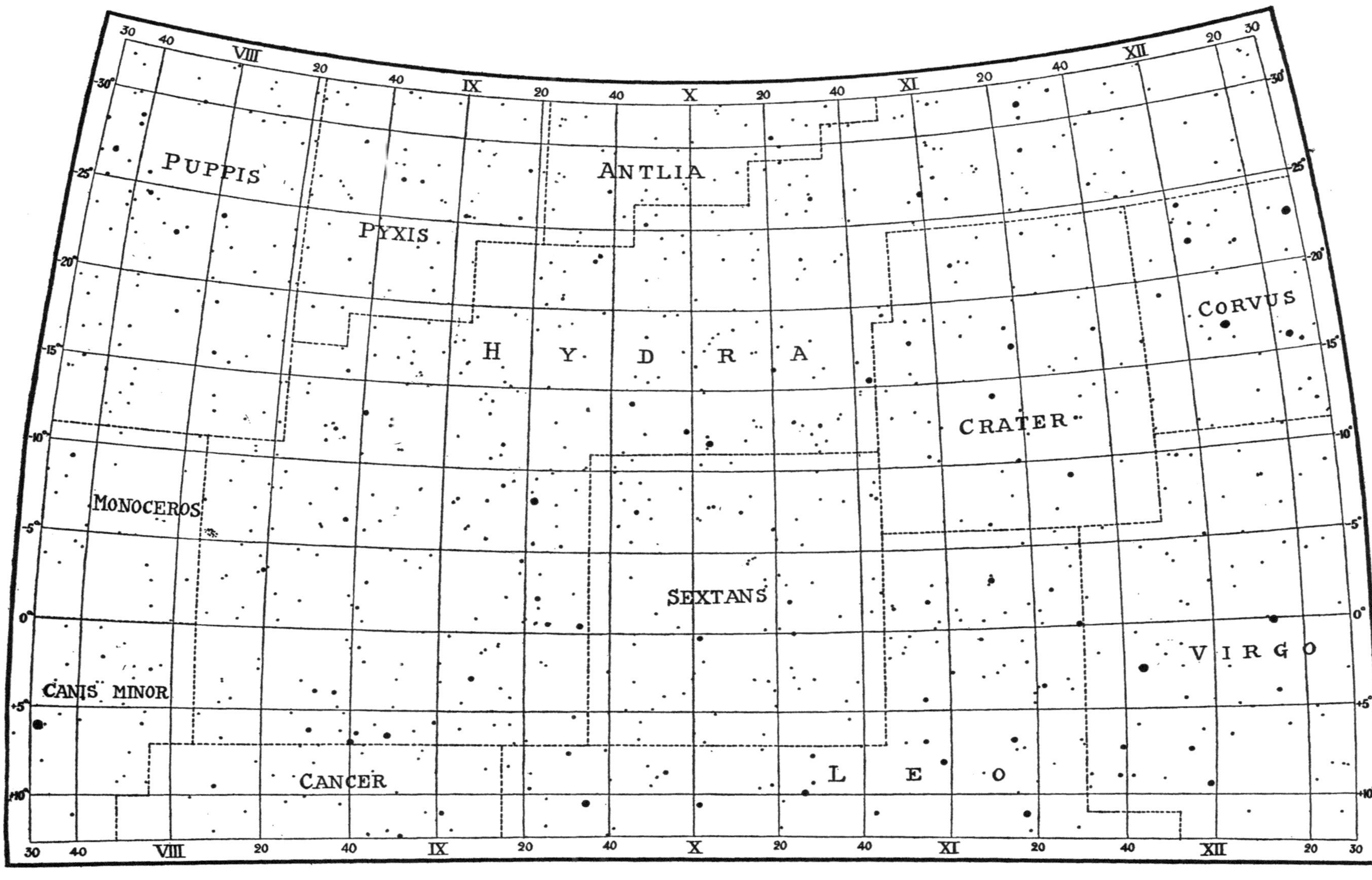

PUPPIS
ANTLIA
PYXIS
HYDRA
CORVUS
CRATER
MONOCEROS
SEXTANS
VIRGO
CANIS MINOR
CANCER
LEO
VIII
IX
X
XI
XII
Grandeur des Etoiles
0 1 2 3 4 5 6

Hémisphère Sud

Limites $\begin{cases} \alpha: 11^{h}\ 30^{m} \text{ à } 16^{h}\ 30^{m} \\ \delta: +12^{\circ}\ 30' \text{ à } -32^{\circ}\ 30' \end{cases}$

Constellations: Corvus—Hydra—Libra—Scorpius—Serpens Caput—Virgo

Nom de l'étoile		Gr.	Sp.	1875		1925	
				α	δ	α	δ
Etoiles principales:							
α	Crv	4·2	F 2	$12^{h}\ 1^{m}58^{s}$	−24° 1′·9	$12^{h}\ 4^{m}36^{s}$	−24°18′·6
ε	,,	3·2	K o	12 3 42	−21 55 ·5	12 6 16	−22 12 ·2
γ	,,	2·4	B 8	12 9 23	−16 50 ·8	12 11 57	−17 7 ·5
δ	,,	3·1	A o	12 23 24	−15 49 ·1	12 25 59	−16 5 ·9
β	,,	2·8	G 5	12 27 49	−22 42 ·3	12 30 27	−22 58 ·9
γ	Hya	3·1	G 5	13 12 8	−22 30 ·6	13 14 50	−22 46 ·6
π	,,	3·4	K o	13 59 15	−26 4 ·7	14 2 6	−26 19 ·3
α²	Lib	2·9	A 3	14 43 52	−15 29 ·9	14 46 44	−15 43 ·9
σ	,, (1)	3·4	Mb	14 56 45	−24 47 ·3	14 59 41	−24 59 ·3
β	,,	2·7	B 8	15 10 17	− 8 55 ·2	15 12 58	− 9 6 ·4
γ	,,	4·0	K o	15 28 32	−14 22 ·3	15 31 20	−14 32 ·4
υ	,,	3·9	K 2	15 29 26	−27 43 ·2	15 32 28	−27 53 ·3
τ	,,	3·8	B 3	15 30 59	−29 21 ·9	15 34 1	−29 31 ·9
ρ	Sco	4·0	B 3	15 49 10	−28 50 ·8	15 52 14	−28 59 ·6
π	,,	3·0	B 2	15 51 18	−25 45 ·1	15 54 19	−25 54 ·0
δ	,,	2·5	B o	15 52 57	−22 15 ·8	15 55 54	−22 24 ·6
β	,,	2·5	B 1	15 58 10	−19 27 ·7	16 1 5	−19 36 ·0
ω¹	,,	4·5	B 2	15 59 30	−20 19 ·7	16 2 26	−20 28 ·4
ν	,,	4·2	A+B 3	16 4 43	−19 7 ·5	16 7 38	−19 16 ·0
σ	,,	3·1	B 1	16 13 36	−25 17 ·4	16 16 38	−25 24 ·9
α	,,	1·2	Ma+A 3	16 21 45	−26 9 ·1	16 24 48	−26 16 ·0
τ	,,	2·9	B o	16 28 6	−27 57 ·3	16 31 13	−28 3 ·7
ν	Vir	4·2	Ma	11 39 26	+ 7 13 ·8	11 42 0	+ 6 57 ·0
β	,,	3·8	F 8	11 44 11	+ 2 28 ·1	11 46 47	+ 2 11 ·2
ο	,,	4·2	G 5	11 58 51	+ 9 25 ·6	12 1 23	+ 9 9 ·0
η	,,	4·0	A o	12 13 31	+ 0 1 ·7	12 16 4	− 0 15 ·0
γ	,,	2·9	F o+F o	12 35 20	− 0 45 ·8	12 37 52	− 1 2 ·3
δ	,,	3·7	Ma	12 49 18	+ 4 4 ·6	12 51 49	+ 3 48 ·3
ε	,,	3·0	K o	12 55 57	+11 37 ·9	12 58 27	+11 21 ·7
θ	,,	4·4	A o	13 3 29	− 4 52 ·3	13 6 4	− 5 8 ·3
α	,,	1·2	B 2	13 18 37	−10 30 ·5	13 21 14	−10 46 ·2
ζ	,,	3·4	A 2	13 28 19	+ 0 2 ·7	13 30 52	− 0 12 ·8
τ	,,	4·3	A 2	13 55 17	+ 2 9 ·0	13 57 50	+ 1 54 ·4
κ	,,	4·3	K o	14 6 14	− 9 41 ·5	14 8 54	− 9 55 ·5
ι	,,	4·2	F 5	19 9 28	− 5 24 ·1	14 12 5	− 5 38 ·6
μ	,,	4·0	F 5	14 36 28	− 5 6 ·6	14 39 6	− 5 20 ·0
109	,,	3·8	A o	14 39 56	+ 2 25 ·3	14 42 27	+ 2 12 ·5
(1) σ Lib = λ Sco.							
Etoiles variables:							
R	Hya	4·5–10	Md	13 22 53	−22 38 ·1	13 25 37	−22 53 ·7
δ	Lib	5·1–6·3	A o	14 54 18	− 8 1 ·3	14 56 58	− 8 13 ·3
Etoiles doubles:							
δ	Crv	3·1–8·5	A o	12 23 24	−15 49 ·1	12 25 59	−16 5 ·9
γ	Vir	3·7–3·7	F o+F o	12 35 20	− 0 45 ·8	12 37 52	− 1 2 ·3
θ	,,	4·4–9	A o	13 3 29	− 4 52 ·3	13 6 4	− 5 8 ·3
δ	Ser	3·0–4·0	F o	15 28 50	+10 57 ·5	15 31 3	+10 47 ·3
ξ	Sco	4·4–8·8	F 8	15 57 30	−11 0 ·4	16 0 14	−11 12 ·1
β	,,	2·9–5·1	B 1	15 58 10	−19 27 ·7	16 1 5	−19 36 ·0
α	,,	1·2–7·0	Ma+A 3	16 21 45	−26 9 ·1	16 24 48	−26 16 ·0

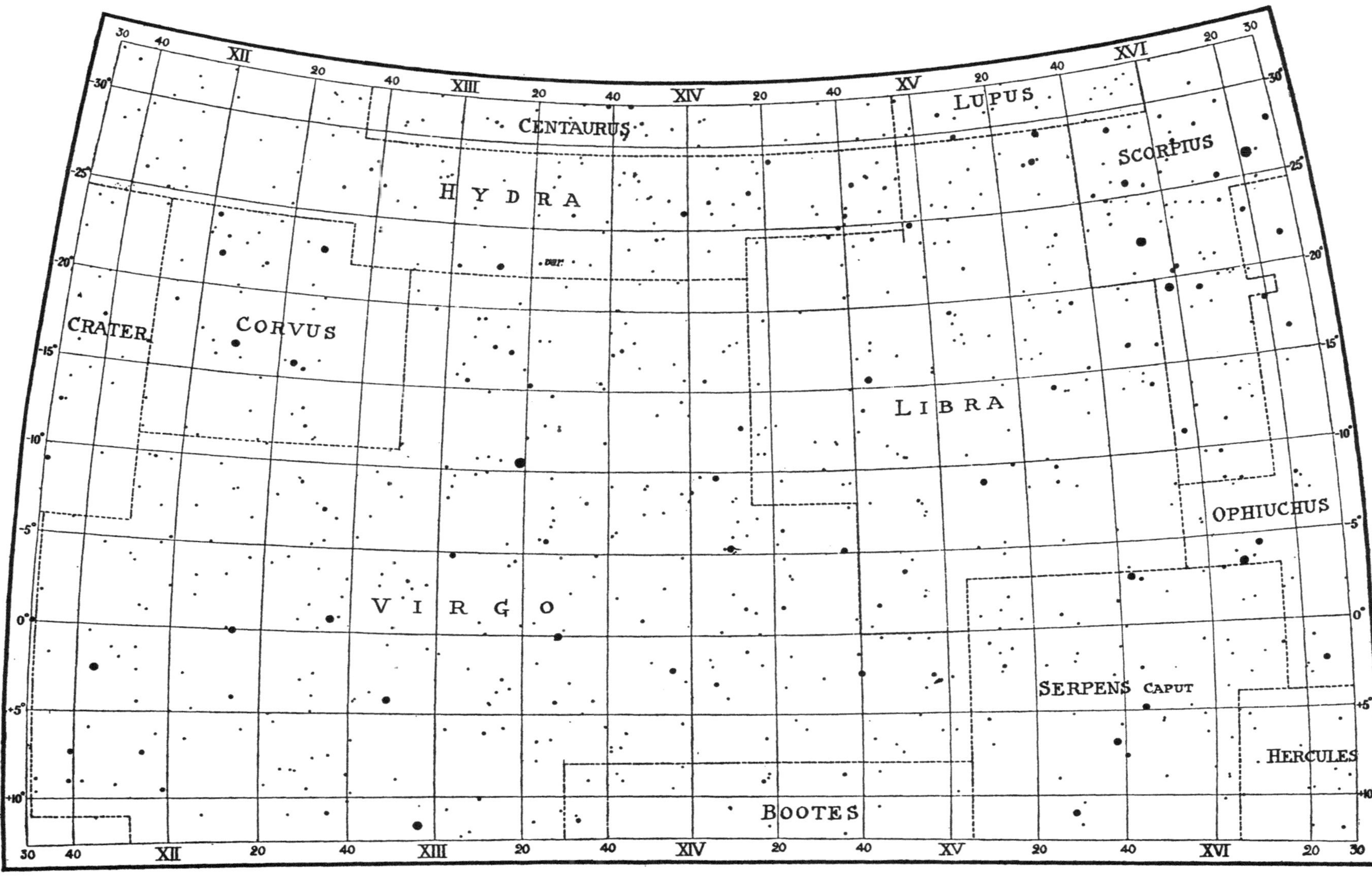

Grandeur des Etoiles 0 1 2 3 4 5 6

Hémisphère Sud

Limites $\begin{cases} \alpha: 15^h\ 30^m \text{ à } 20^h\ 30^m \\ \delta: +12^\circ\ 30' \text{ à } -32^\circ\ 30' \end{cases}$

Constellations: Aquila—Ophiuchus—Sagittarius—Scorpius—Scutum—Serpens Cauda

Nom de l'étoile	Gr.	Sp.	1875		1925	
			α	δ	α	δ
Etoiles principales						
λ Aql	3·6	B 9	18h59m38s	− 5° 4′·2	19h 2m16s	− 4°59′·8
δ ,,	3·4	F o	19 19 12	+ 2 52 ·0	19 21 43	+ 2 57 ·8
γ ,,	2·8	K 2	19 40 19	+10 18 ·6	19 42 42	+10 25 ·8
α ,,	0·9	A 5	19 44 41	+ 8 32 ·4	19 47 7	+ 8 40 ·1
η ,,	var.	G op	19 46 6	+ 0 41 ·2	19 48 39	+ 0 48 ·7
β ,,	3·9	K o	19 49 10	+ 6 5 ·8	19 51 38	+ 6 13 ·1
θ ,,	3·4	A o	20 4 51	− 1 11 ·5	20 7 26	− 1 2 ·7
δ Oph	3·0	Ma	16 7 48	− 3 22 ·2	16 10 25	− 3 30 ·1
ε ,,	3·2	K o	16 11 42	− 4 23 ·2	16 14 21	− 4 30 ·7
λ ,,	3·9	A o	16 24 37	+ 2 15 ·6	16 27 8	+ 2 8 ·8
ζ ,,	2·6	B o	16 30 16	−10 18 ·8	16 33 2	−10 25 ·0
ι ,,	4·3	B 8	16 48 6	+10 22 ·4	16 50 28	+10 17 ·3
κ ,,	3·4	K o	16 51 45	+ 9 34 ·3	16 54 7	+ 9 29 ·4
η ,,	2·6	A 2	17 3 13	−15 34 ·1	17 6 5	−15 38 ·0
θ ,,	3·4	B 3	17 14 20	−24 52 ·3	17 17 24	−24 55 ·6
27 *H* ,,	4·5	F o	17 20 0	− 4 58 ·4	17 22 39	− 5 1 ·3
σ ,,	4·4	K o	17 20 19	+ 4 15 ·0	17 22 48	+ 4 12 ·3
β ,,	2·9	K o	17 37 18	+ 4 37 ·2	17 39 46	+ 4 35 ·8
γ ,,	3·7	A o	17 41 38	+ 2 45 ·4	17 44 8	+ 2 44 ·1
ν ,,	3·5	K o	17 52 9	− 9 45 ·3	17 54 54	− 9 45 ·9
67 ,,	3·9	B 5p	17 54 23	+ 2 56 ·4	17 56 53	+ 2 56 ·0
70 ,,	4·1	K o	17 59 8	+ 2 31 ·2	18 1 40	+ 2 31 ·2
72 ,,	3·7	A 3	18 1 25	+ 9 32 ·9	18 3 48	+ 9 33 ·1
γ Sgr	3·1	K o	17 57 47	−30 25 ·4	18 0 59	−30 25 ·6
μ ,,	4·0	B 8p	18 6 17	−21 5 ·3	18 9 17	−21 4 ·8
δ ,,	2·8	K o	18 12 59	−29 52 ·7	18 16 12	−29 51 ·7
λ ,,	2·8	K o	18 20 15	−25 29 ·3	18 23 21	−25 27 ·9
φ ,,	3·3	B 8	18 37 51	−27 7 ·0	18 40 58	−27 4 ·2
σ ,,	2·1	B 3	18 47 31	−26 26 ·9	18 50 37	−26 23 ·5
ξ² ,,	3·6	K o	18 50 16	−21 16 ·1	18 53 15	−21 12 ·4
ζ ,,	2·7	A 2	18 54 39	−30 3 ·4	18 57 50	−29 59 ·3
ο ,,	3·8	K o	18 57 11	−21 55 ·3	19 0 9	−21 50 ·8
τ ,,	3·4	K o	18 59 8	−27 51 ·0	19 2 6	−27 46 ·9
π ,,	3·0	F 2	19 2 20	−21 13 ·2	19 5 18	−21 8 ·7
ρ Sco	4·0	B 3	15 49 10	−28 50 ·8	15 52 14	−28 59 ·6
π ,,	3·4	B 2	15 51 18	−25 45 ·1	15 54 19	−25 54 ·0
δ ,,	2·5	B o	15 52 57	−22 15 ·8	15 55 54	−22 24 ·6
β ,,	2·5	B 1	15 58 10	−19 27 ·7	16 1 5	−19 36 ·0
ω¹ ,,	4·5	B 2	15 59 30	−20 19 ·7	16 2 26	−20 28 ·4
ν ,,	4·2	A+B 3	16 4 43	−19 7 ·5	16 7 38	−19 16 ·0
σ ,,	3·1	B 1	16 13 36	−25 17 ·4	16 16 38	−25 24 ·9
α ,,	1·2	Ma+A 3	16 21 45	−26 9 ·1	16 24 48	−26 16 ·0
τ ,,	2·9	B o	16 28 6	−27 57 ·3	16 31 13	−28 3 ·7
α Sct	4·2	K o	18 28 24	− 8 19 ·8	18 31 8	− 8 17 ·6
β ,,	4·6	G o	18 40 32	− 4 52 ·8	18 43 12	− 4 49 ·9
ξ Ser	3·6	A 5	17 30 26	−15 19 ·1	17 33 17	−15 21 ·2
η ,,	3·4	K o	18 14 50	− 2 55 ·7	18 17 26	− 2 55 ·2
θ ,,	4·5	A 5+A 5	18 50 1	+ 4 2 ·5	18 52 29	+ 4 6 ·3
Etoiles variables:						
R Sct	4·7–6·0 5·7–9·0	K op	18 40 49	− 5 50 ·2	18 43 19	− 5 47 ·2
η Aql	3·8–4·5	G op	19 46 6	+ 0 41 ·2	19 48 39	+ 0 48 ·7
Etoiles doubles:						
ξ Sco	4·4–8·8	F 8	15 57 30	−11 0 ·4	16 1 14	−11 12 ·1
β ,,	2·9–5·1	B 1	15 58 10	−19 27 ·7	16 1 5	−19 36 ·0
α ,,	1·2–7·0	Ma+A 3	16 21 45	−26 9 ·1	16 24 48	−26 16 ·0
A Oph	4·5–5·5	K o	17 7 38	−26 26 ·8	17 10 44	−26 29 ·7
ο ,,	5·5–6·9	K o	17 10 23	−24 8 ·9	17 13 24	−24 12 ·0
h Aql	6·0–7·5	K o	18 58 22	− 4 13 ·0	19 1 0	− 4 8 ·7
π ,,	5·8–6·4	F 2+A 2	19 42 49	+11 30 ·4	19 45 10	+11 37 ·6
Nébuleuses et amas:						
M 19 Oph			16 55	−26 5	16 58	−26 9
M 9 ,,			17 13	−17 37	17 16	−17 40
M 23 ,,			17 50	−19 0	17 53	−19 0
M 20 Sgr			17 55	−22 43	17 58	−22 43
M 8 ,,			17 56	−24 22	17 59	−24 22
M 11 Aql			18 44	− 6 25	18 47	− 6 29

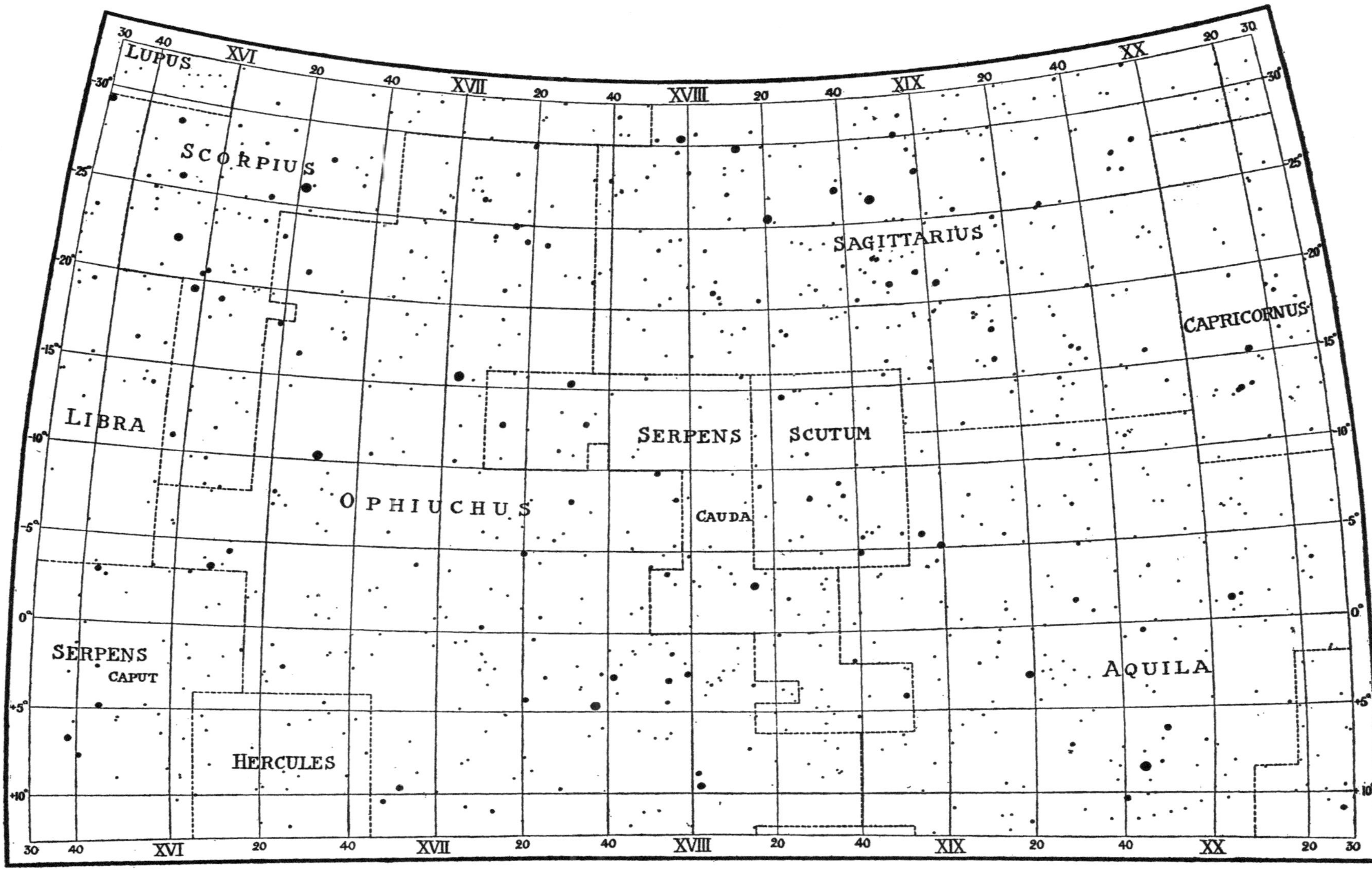
LUPUS
SCORPIUS
SAGITTARIUS
CAPRICORNUS
LIBRA
SERPENS
SCUTUM
OPHIUCHUS
CAUDA
SERPENS
CAPUT
AQUILA
HERCULES
Grandeur des Etoiles
0 1 2 3 4 5 6

Hémisphère Sud

Limites $\begin{cases} \alpha: 19^h\,30^m \text{ à } 0^h\,30^m \\ \delta: +\,12^\circ\,30' \text{ à } -\,32^\circ\,30' \end{cases}$

Constellations: Aquarius—Aquila—Capricornus—Equuleus—Microscopium—Pegasus—Pisces—Piscis Austrinus—Sagittarius—Sculptor

Nom de l'étoile		Gr.	Sp.	1875		1925	
				α	δ	α	δ
Etoiles principales							
ε	Aqr	3·6	A 0	$20^h40^m54^s$	− 9°57′·1	$20^h43^m37^s$	− 9°46′·3
β	,,	3·1	G 0	21 24 59	− 6 7·2	21 27 37	− 5 54·1
α	,,	3·2	G 0	21 59 22	− 0 55·6	22 1 56	− 0 41·1
θ	,,	4·3	K 0	22 10 14	− 8 24·3	22 12 53	− 8 9·4
γ	,,	4·0	A 0	22 15 12	− 2 1·0	22 17 47	− 1 45·9
ζ	,,	3·8	F 2	22 22 23	− 0 39·5	22 24 58	− 0 24·3
η	,,	4·1	B 8	22 28 56	− 0 45·7	22 31 30	− 0 30·3
τ	,,	4·2	K 5	22 42 58	−14 15·1	22 45 37	−13 59·3
λ	,,	3·8	Ma	22 46 5	− 8 14·6	22 48 42	− 7 58·7
δ	,,	3·5	A 2	22 48 1	−16 29·1	22 50 40	−16 13·2
c^2	,,	3·8	K 0	23 2 47	−21 51·0	23 5 27	−21 34·8
b^1	,,	4·2	K 0	23 16 25	−20 46·9	23 19 2	−20 30·6
γ	Aql	2·8	K 2	19 40 19	+10 18·6	19 42 42	+10 25·8
α	,,	0·9	A 5	19 44 41	+ 8 32·4	19 47 7	+ 8 40·1
η	,,	var.	G op	19 46 6	+ 0 41·2	19 48 39	+ 0 48·7
β	,,	3·9	K 0	19 49 10	+ 6 5·8	19 51 38	+ 6 13·1
θ	,,	3·4	A 0	20 4 51	− 1 11·5	20 7 26	− 1 2·7
α^1	Cap	4·5	G op	20 10 43	−12 53·6	20 13 30	−12 44·5
α^2	,,	3·8	G 5	20 11 7	−12 55·8	20 13 54	−12 46·7
β	,,	3·3	G 0+A 0	20 13 59	−15 10·5	20 16 48	−15 1·2
ψ	,,	4·3	F 8	20 38 41	−25 43·0	20 41 40	−25 32·5
ω	,,	4·2	Ma	20 44 22	−27 23·1	20 47 21	−27 12·0
θ	,,	4·2	A 0	20 58 55	−17 43·6	21 1 44	−17 31·9
ι	,,	4·3	K 0	21 15 17	−17 21·9	21 18 4	−17 9·3
ζ	,,	3·9	G 5p	21 19 32	−22 57·1	21 22 23	−22 44·2
γ	,,	3·8	F op	21 33 10	−17 13·5	21 35 56	−17 0·1
δ	,,	3·0	A 5	21 40 8	−16 41·5	21 42 54	−16 28·1
γ	Equ	4·0	F op	21 4 16	+ 9 37·7	21 6 42	+ 9 50·0
α	,,	4·1	F 8+A 3	21 9 35	+ 4 43·9	21 12 5	+ 4 56·2
ε	Peg	2·5	K 0	21 38 3	+ 9 18·2	21 40 30	+ 9 31·8
θ	,,	3·7	A 2	22 3 54	+ 5 35·0	22 6 25	+ 5 49·7
ζ	,,	3·6	B 8	22 35 14	+10 10·8	22 37 43	+10 26·4
γ	Psc	3·9	K 0	23 10 41	+ 2 36·0	23 13 17	+ 2 52·3
θ	,,	4·5	G 5	23 21 38	+ 5 41·5	23 24 11	+ 5 58·1
ι	,,	4·3	F 8	23 33 31	+ 4 56·9	23 36 6	+ 5 13·2
ω	,,	4·0	F 5	23 52 54	+ 6 10·3	23 55 28	+ 6 26·9
ε	PsA	4·2	B 8	22 33 44	−27 41·8	22 36 31	−27 26·1
α	,,	1·3	A 3	22 50 44	−30 17·0	22 53 31	−30 1·2
Etoiles variables:							
η	Aql	3·8–4·5	G op	19 46 6	+ 0 41·2	19 48 39	+ 0 48·7
R	Aqr	6·0–8·5–11	Md	23 37 21	−15 58·6	23 39 57	−15 42·0
Etoiles doubles:							
α	Cap	3·8–4·6	G op+G 5	20 10 55	−12 54·7	20 13 42	−12 45·6
ε	Peg	2·5–9	K 0	21 38 3	+ 9 18·2	21 40 30	+ 9 31·8
41	Aqr	6·0–7·7	G 5	22 7 24	−21 41·7	22 10 9	−21 26·7
ζ	,,	4·4–4·6	F 2	22 22 23	− 0 39·5	22 24 58	− 0 24·3
ψ^1	,,	4·8–9·3	K 0	23 9 20	− 9 46·1	23 11 57	− 9 29·8
35	Psc	7·0–8·6	F 0	0 8 33	+ 8 7·6	0 11 6	+ 8 24·3
Nébuleuses et amas:							
M 2	Aqr			21 27	− 1 23	21 30	− 1 9

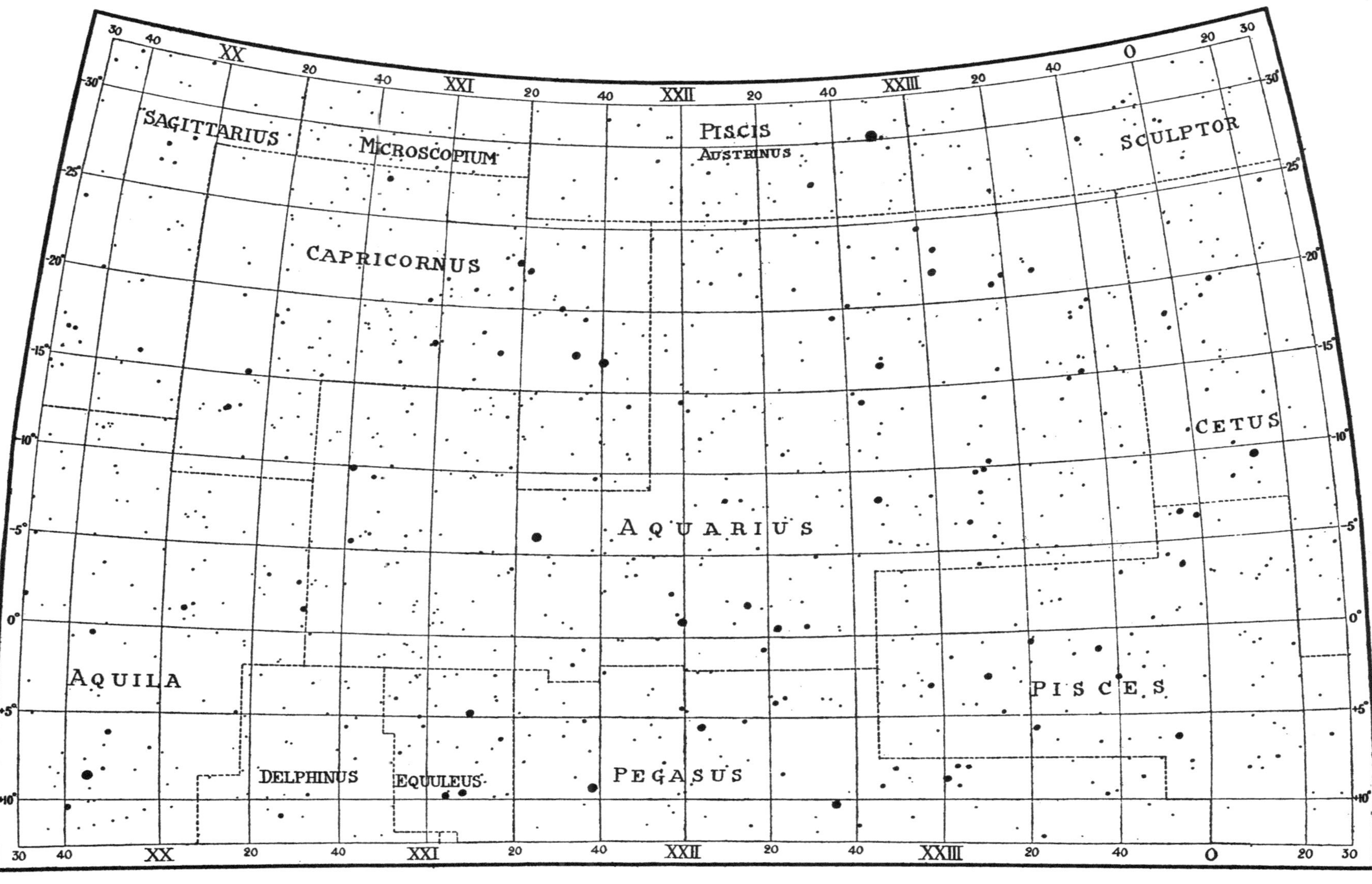
SAGITTARIUS
MICROSCOPIUM
PISCIS AUSTRINUS
SCULPTOR
CAPRICORNUS
CETUS
AQUARIUS
AQUILA
PISCES
DELPHINUS
EQUULEUS
PEGASUS
Grandeur des Etoiles
0 1 2 3 4 5 6

INDEX

For EU product safety concerns, contact us at Calle de José Abascal, 56–1°,
28003 Madrid, Spain or eugpsr@cambridge.org.

www.ingramcontent.com/pod-product-compliance
Ingram Content Group UK Ltd.
Pitfield, Milton Keynes, MK11 3LW, UK
UKHW060315090126
466816UK00024B/493

* 9 7 8 1 1 0 7 6 2 2 4 6 3 *